De la caverna al cosmos

EUDALD CARBONELL

DE LA CAVERNA AL COSMOS

Nuestro futuro como especie

Traducción del catalán de
MONTSE MENESES VILAR

RBA

Título original catalán: *De la caverna al cosmos*.
Publicado por acuerdo con la editorial Ara Llibres.
www.arallibres.cat

LLLL institut ramon llull

La traducción de esta obra ha contado
con el soporte financiero del Institut Ramon Llull.

© del texto: Eudald Carbonell, 2024.
© de la traducción: Montserrat Meneses, 2025.
© de esta edición: RBA Libros y Publicaciones, S. L. U., 2025.
Avda. Diagonal, 189 - 08018 Barcelona.
rbalibros.com

Primera edición: enero de 2025.

REF.: ONFI731
ISBN: 978-84-1132-817-3
DEPÓSITO LEGAL: B. 20.881-2024

EL TALLER DEL LLIBRE • PREIMPRESIÓN

Impreso en España – *Printed in Spain*

CONTENIDO

INTRODUCCIÓN

Somos polvo de estrellas que piensa. Somos, por tanto, un resplandor fósil. Es posible que la conciencia cósmica llegue como consecuencia de la aceleración histórica y a la vez exponencial de nuestra especie, el *Homo sapiens*. Cuando sea así, iluminaremos el universo; seremos un resplandor fósil. Y es, precisamente, en la adquisición de ese tipo de conciencia donde está nuestro porvenir como humanidad, transhumanidad y poshumanidad. Cuando esta secuencia principal termine de completarse, habremos trascendido como espacio-tiempo singular.

En este ensayo no planteo adivinar nuestro futuro, pero sí comprender nuestro presente. Ni las bolas de cristal más avanzadas pueden utilizarse con eficiencia para esta finalidad, ni nuestro futuro se adivina echando las cartas. Mi intención no es hacer de Nostradamus —no estamos en el siglo XVI—, pero sí intento hacer una prospección de la especie para saber de qué es capaz con tal de sobrevivir y convertirse en trascendente.

Entender cómo nos hemos hecho humanos nos ofrece muchas pistas acerca de cómo tenemos que pensarnos y repensarnos en el futuro como especie o especies. Sin proyectarnos en el futuro no tendremos presente consciente. El pasado ha llegado para permanecer en nosotros en forma de sustrato biológico, etológico y cultural. El rastro de lo que hemos sido y de lo que ahora somos lo puede barrer el vendaval de lo que ya está viniendo: la revolución científica y tecnológica, que nos lleva de forma irreversible a la transhumanidad y, con su socialización, a la poshumanidad.

Estamos en manos de lo que queremos ser y, a la vez, de lo que podemos hacer. Al fin y al cabo, de hecho, puede parecer una obviedad, no lo hemos captado ni lo hemos entendido todavía. La sociedad del pensamiento no ha llegado, pero, en cambio, sí que lo ha hecho la inteligencia artificial generativa (IAG). La realidad es que la complejidad mamífera y la singularidad primate no se han convertido aún en una abstracción humana práctica. Todavía no hemos llegado a ese punto de cambio o de inflexión, al que podríamos denominar una *transición de fase* o un *estado de plasma consciente*, pero es altamente probable que sea solo una cuestión de tiempo, y no demasiado.

Nos vemos impulsados por lo que hemos hecho, pero, por encima de todo, por lo que haremos en el momento de socialización de nuestra conciencia crítica de la especie. El futuro y el futuro de los futuros se abre ante nosotros como una forma de trascendencia de lo que es humano, pero que indefectiblemente dejará de serlo por su propia evolución y por la apropiación de nuestra singularidad por parte del entendimiento universal. Y solo haciendo ese camino nos deshumanizaremos de manera forzosa, tal como explicaba en mi libro anterior, *El porvenir de la humanidad*.

Porque caminando, navegando y volando llegaremos a los espacios y a los tiempos necesarios para el autorreconocimiento, de modo que construiremos realidades y escenarios que ahora mismo son inconmensurables. Ni siquiera la ciencia ficción puede expresar lo que la intuición y la condición humana, una vez se deshumanice, pueden llegar a producir. Por eso, este ensayo se mueve entre la ciencia y la ficción. Esta es la humanidad que viene y que hay que construir. Se trata de convertir una quimera en una realidad, de ir más allá de la utopía.

REFLEXIÓN PRELIMINAR

A principios del siglo XXI, me propusieron escribir un libro sobre el porvenir de nuestra especie o, mejor dicho y para ser más preciso, sobre el porvenir de la humanidad, y acepté. Siempre he pensado que a los humanos las cosas no nos llegan de forma fortuita ni por casualidad, sino como la consecuencia de una serie de secuencias vitales y de sucesos que, en muchos casos, tiene una vertiente teleonómica. Es decir, que existe cierta predeterminación en lo que hacemos y nos pasa. Mientras tanto, he escrito *El porvenir de la humanidad*, publicado en 2022. Por eso pienso que he expresado con acierto lo de la predeterminación. No hablo de un determinismo ambiental o histórico, sino del hecho de que, en esta ocasión, como en tantas otras, lo que podía suceder finalmente ha sucedido.

Siempre me he dedicado a estudiar el pasado, hasta que me di cuenta de que lo que en realidad me interesa es el futuro, el futuro de la humanidad. No soy futurólogo, soy arqueólogo; un historiador que tiene interés y siente preocupación por el devenir de nuestra especie, como el que pueda tener cualquier otro espécimen humano consciente. Dicho esto, y con la voluntad de dotar esta historia de un poco de contexto, permitidme retroceder un poco.

Es la primavera de 2019, una mañana de un día claro y soleado, y estoy en mi casa de Cervià de Ter, un pueblecito del Gironès. He abierto la ventana trasera del estudio, la que está orientada al norte, y corre una brisa fresca y constante que me acompaña mientras escribo las primeras líneas de este ensayo, bajo los compases de la *Tercera sinfonía* de Beethoven. Me pareció que ese sería un buen fondo musical a la hora de guiarme en los inicios de esta empresa, ardua pero interesante y, probablemente, difícil de acometer. Por suerte, no me asustan los desafíos. Durante mi vida, han sido constantes y continuados.

El caso es que hemos llegado ya a enero de 2024 y vuelvo a estar sentado, en mi estudio, pero esta vez con el fondo musical de *Madama Butterfly*, de Giacomo Puccini, alternado con el *Fausto* de Charles Gounod. Estoy dándole el último repaso al manuscrito que pronto hará cinco años que empecé. Es el momento de darle la estocada final. No tengo pensado cambiar ni introducir mucha más información, solo lo que considere esencial para mejorar el texto.

Siendo sincero, a quien lea este ensayo debo advertirle de que no está desconectado de lo que ya he escrito y publicado con anterioridad, sino que sigue formando parte de la preocupación que he tenido siempre por el análisis y la construcción de nuestra humanidad.

Todo empezó hace más de veinte años, con *Planeta humà*, escrito junto con Robert Sala. Después de ese primer libro, llegaron otros, como *Aún no somos humanos*, también con la coautoría de Robert Sala. Y no quisiera olvidarme de *Sapiens. El largo camino de los homínidos hacia la inteligencia*, escrito justo entre finales del siglo XX y principios del XXI, con la colaboración de Josep Corbella y Salvador Moyà. Y habría muchos más, pero no es necesario insistir.

Pienso que conocer, investigar y prospectar el pasado, el presente y el futuro de la humanidad son preocupaciones vitales compartidas por todos los humanos pero, por encima de todo, preocupaciones características de todo pensamiento evolucionista. Al fin y al cabo, son motivos de interrogación, análisis, reflexión y prospección del futuro. Y son precisamente los tiempos en los que vivimos, marcados por una gran aceleración histórica, los que nos obligan a hacer un esfuerzo analítico que permita relacionar pasado, presente y futuro. Sé que sería más interesante hacerlo de manera sistémica, pero reconozco que todavía no dispongo de la energía, la claridad y la capacidad suficientes para llevarlo a cabo. Quizá en el futuro.

En el discurso que expongo en este ensayo, el pasado y el presente pueden quedar bien definidos en un único concepto, pero por lo que respecta al futuro, estableceré una subdivisión mental que contempla el futuro inmediato y mediato, donde sitúo el inicio de la socialización de la transhumanidad; el futuro lejano, que es allí donde se pierde el horizonte de nuestra imaginación; y el futuro del futuro, donde se sitúa la poshumanidad. Hecha esta aclaración, la base de la secuencia explicativa en cada capítulo del libro será pasado, presente y futuro, pero no de forma lineal ni exhaustiva, ya que la linealidad no explica los fenómenos desde la realidad de la comprensión humana actual. Todo está interrelacionado, todo tiene sentido, pero solo lo tiene en el todo, no en el orden.

No podemos hacer la prospección del futuro sin ofrecer una visión de nuestro pasado y de nuestro presente.

Como una especie de trazo con brocha gorda, pero un trazo basal y consistente sin el que el presente no sería comprensible y el futuro no se podría prospectar ni predecir. En cuanto al futuro inmediato, el que tenemos cerca, puede que solo sea aún una proyección cercana de nuestro presente, pero solo eso: una proyección. En cambio, el futuro lejano coge distancia respecto a las inferencias que podamos hacer en tanto que humanos. Acercándonos a él, se nos aparece como un fantasma de nuestra imaginación, pero real.

No podemos detener nuestra imaginación ni dejar de proyectarnos, eso es lo que nos caracteriza como humanos. La iluminación y la razón. La historia evoluciona cada vez más hacia la ciencia ficción cuando, desde el presente, se plantea el futuro del futuro. Según mi criterio, todo se puede prospectar. Y ese es mi propósito. Proponer escenarios de futuro asumiendo lo que ha sucedido en el proceso de humanización de nuestro género.

El trabajo empírico no debe ser el único que rija el conocimiento científico, sino que la inferencia y el porqué de lo que nos sucede en tanto que humanos también deben acompañar el cómo, y viceversa. Ciencia, conocimiento, intuición y pensamiento. En ese sentido, buscamos un equilibrio entre lo que conocemos y lo que querríamos conocer pero desconocemos aún. Esta es una dialéctica que nos parece lógica y que nos permite llegar a síntesis que nos ayudarán a comprender nuestro progreso en el marco de una razón que la ciencia, con sus métodos, ha contribuido a fundamentar.

Para prospectar el futuro no debemos ser esclavos de nuestros conocimientos, pensamientos y comportamientos del pasado. Debemos actuar como seres libres que buscamos conocer, si es que existe, la verdad. Y debemos hacerlo fuera de la realidad del presente que vivimos. Por eso filosofar es tan importante. Tengo la convicción de que, en algún momento de nuestra evolución, conseguiremos hibridar o fundir el cómo y el porqué, y que en esa síntesis encontraremos nuestra razón de ser como primates humanizados. Y más adelante, con la aceleración histórica, nos convertiremos en primates transhumanizados. Es decir, que tal como apuntaba en *El porvenir de la humanidad*, entraremos en la poshumanidad para, finalmente, ser deshumanizados.

Me apasiona el tema de la evolución y, sobre todo, el de la evolución de la humanidad. En ese sentido, me siento como Sísifo, que, condenado por Zeus al mundo de los muertos, se vio obligado a subir de forma recurrente una gran piedra hasta la cima de una colina pero, una vez llegaba arriba, la piedra caía hacia abajo por el efecto de la gravedad y el protagonista se veía obligado a volverla a subir una y otra vez. Un eterno bucle del que no podía escapar. A mí me pasa lo mismo con la evolución de la humanidad: cada vez que, como investigador, pienso que he terminado ya mi trabajo, me doy cuenta, afortunadamente, de que estoy empezando de nuevo.

Y es que, como reflexionaba Francis Bacon en *Novum Organum* a principios del siglo XVII, «el entendimiento humano es voraz y no es capaz de pausa ni reposo; pretende ir más y más allá».

¿Hasta dónde es capaz de llegar la imaginación humana? ¿Hasta dónde seremos capaces de llegar? Hechas estas aclaraciones, debemos recordar que no absolutamente todo lo que ha pasado hasta ahora es aleatorio y azaroso como lo fue la formación de nuestra singularidad humana. Precisamente, tomar conciencia de esta singularidad es lo que puede ayudarnos a humanizarnos y aceptar nuestra realidad como una construcción constante que ahora se ha hecho consciente.

Estoy empeñado en socializar este debate para mejorar el funcionamiento actual de nuestra especie y de las que puedan surgir como consecuencia de la socialización de la revolución científica y tecnológica. Debemos ser persistentes, a la vez que perseverantes, pues solo de esa manera nuestro interés puede verse premiado con la aceptación en tanto que especie o especies en el futuro, tal como ya hemos abordado en *El Homo ex novo: Posibles futuros para la humanidad* y *Los humanos del futuro. De la piedra a la Luna.*

Pienso que tanto lo bueno como el bien de la humanidad deben caminar juntos en el futuro y, desde mi perspectiva, con la definición aristotélica de estos conceptos que tanto nos humanizan. Encontramos esta explicación en *Retórica*, de Aristóteles, una de sus obras maestras, y de allí he extraído esta bella y racional cita:

> Y puesto que decimos que lo bueno es lo que es digno de ser elegido en sí, por sí y no por otro, e igualmente aquello a que tienden todos los seres, lo que elegirían cuantos dispusiesen de razón y sensatez y lo que es apropiado para producirlo o conservarlo o de lo cual se sigue; como también aquello por cuya causa se hace algo es el fin y el fin es la causa de todo lo demás; y como, por otra parte, para cada uno es bueno lo que se representa como tal en relación consigo mismo, resulta así necesario que el «más» constituya un bien mayor que el uno y los «menos» —siempre que este «uno» o estos «menos» queden comprendidos

en el «más»—, ya que el más es lo que excede, y aquello que contiene es lo excedido.

Sin duda, aquí se señala el camino para entender y asumir que lo que es plural es un bien más importante que lo que es único o individual. Se transmite el mensaje que nosotros podemos reconocer de manera diáfana en la evolución, y, a la vez, nos aporta elementos estratégicos que nos sirven de referencia. Estamos hablando de la diversidad. Nuestra especie es única en el planeta, de forma que lo que era plural se integró para que el *Homo sapiens*, al ser uno, tuviese cierta variabilidad de norte a sur y de este a oeste. Si actualmente, tal y como veremos en el transcurso del discurso como especie, somos unos híbridos muy particulares, unos híbridos que han integrado mucha información, deberíamos comportarnos como seres conscientes e integradores. Seres abiertos, flexibles, diversos y plurales en nuestras conductas.

Llegados aquí, y perseverando en la cita de Aristóteles, quiero llamar la atención sobre la importancia de la relevancia explicativa de lo que es plural sobre lo que es único. Tal como lo veo, se trata de un canto a la diversidad. Por tanto, nos encontramos, por encima de cualquier cosa, ante un discurso humanista diáfano y de gran claridad, pero también de gran profundidad. Nos damos cuenta de que el maestro, al anunciar esas intuiciones, tal vez inferidas de su capacidad de observación del medio zoológico y botánico, nos abre las puertas a sus propuestas. Propuestas desarrolladas sobre todo en su obra, para mí maestra, como es la analítica.

Sin estos conceptos tan precisos, seguramente la multidisciplinariedad actual no llegaría a un grado de efectividad como el que estamos experimentando. En la capacidad de analizar, es decir, de fragmentar en partes diferenciadas lo que se estudia para después poderlo integrar e interpretar, es donde encontramos todo el conocimiento de la humanidad hasta nuestros días; esa capacidad nuestra que nos debe permitir entender la realidad. El análisis nos acerca a la realidad del Todo. Superar el análisis como forma de conocimiento de la realidad será igual de difícil que suprimir la experimentación en la ciencia.

Tan solo en el futuro y en el futuro de los futuros pueden darse las condiciones para abrir nuevas perspectivas sobre esta cuestión. Con todo, la pluralidad y la diversidad estarán siempre por encima de lo que es único. Eso ya no es solo una sentencia clásica, sino una forma lógica de explicar la selección natural y cómo nuestra especie se ha movido dentro de esa dualidad, diversificándose y después unificándose, de manera que nos espera un futuro diverso en tanto que género hasta una nueva integración.

Este ensayo se encuentra en una encrucijada espacio-temporal que nos empuja a la necesidad de prospectar el futuro para asegurar nuestro presente y, a la vez, poder dar un sentido al pasado, a cuyo estudio he dedicado toda mi vida profesional. Es de este modo como he pasado más de cuarenta años en Atapuerca, perforando las entrañas de la montaña, disfrutando del silencio del interior de la Cueva Mayor y de la vegetación que rodea los yacimientos de la Trinchera del Ferrocarril, y exhumando los fósiles. Interior y exterior, una dialéctica que permite a un ser vivo sentirse más vivo, si es que eso es posible en la vida.

Por ello, en este presente, he aceptado el reto de prospectar el futuro. Estamos hartos de conocimiento del pasado, y esa no es ninguna afirmación gratuita. Tenemos la obligación de contribuir en la construcción social consciente y en el pensamiento crítico de la especie. La historia, el conocimiento, la ciencia, la tecnología y el pensamiento crítico socializados pueden ser los referentes que nos aseguren el buen funcionamiento y el futuro como humanos. Y, yendo más allá, el bien común entre especies y para especies humanas en un futuro no tan lejano.

Precisamente, ese es el objetivo del libro; un objetivo muy parecido al que ya han conceptualizado otros autores. Me refiero, en concreto, a Pierre Teilhard de Chardin, personaje del siglo xx, maestro francés, paleontólogo y epistemólogo, autor, entre otras obras, de *El fenómeno humano* (1965) o *El porvenir del hombre* (1962). Seguramente, la primera obra es una de las que ha tenido más influencia entre los pensadores evolucionistas y creacionistas, por la filosofía holística humanista que plantea el autor. Me gustaría compartir aquí un párrafo de esa primera obra que es en sí mismo intrigante, revelador y provocativo, y que ilumina su cosmovisión humana: «No cabe otra posibilidad que la de un universo irreversiblemente personalizante, capaz de contener a la persona humana».

Criticado con severidad por mis colegas científicos de su tiempo y posteriores, este jesuita paleontólogo y filósofo fue uno de los primeros generadores de la idea del cerebro global y planetario; del concepto de noosfera o del punto omega, de la discontinuidad y la plenitud evolutiva, como consecuencia de la evolución biológica y social de la especie en el interior del cosmos. Una visión teleonómica y espiritual de la evolución de nuestra especie. Aunque yo no estoy de acuerdo con las ideas mágicas del maestro, sí que considero que, como intuición metafísica y filosófica, inteligente y trascendente, sus propuestas son sugerentes.

Como siempre repito, pienso que, de forma inexorable, explorar nuestro pasado y comprender nuestro presente forma parte de la construcción de nuestro futuro, y si desconocemos quiénes somos no podemos saber lo que queremos ser. Este es un presupuesto que justifica mi interés por prospectar el futuro de nuestra especie. Es a la vez científico y también filosófico. Ciencia, imaginación, conocimiento y pensamiento son la base de la razón razonada.

Para conocer el pasado necesitamos el trabajo de la arqueología, la paleontología, la genética, la geología, la botánica y tantas otras disciplinas dedicadas a la investigación paleoecológica. La autoecología social humana se muestra como la disciplina transdisciplinaria adecuada para ese propósito, con la finalidad de conocer nuestra evolución y la evolución del medio natural. Como siempre, repetimos hasta la saciedad que las ciencias de la tierra y de la vida son nuestras aliadas, además de las ciencias sociales, las humanidades, entre ellas y, de forma destacada, la historia y la filosofía. Sin estos conocimientos, no habría humanidad ni humanismo en el futuro de la humanidad y de la transhumanidad, entendida esta última como la búsqueda tecnológica de la mejora humana, y la poshumanidad, entendida también como humanidad modificada y modificadora del futuro deshumanizador.

Por eso mismo, si no abordamos con seriedad la labor de autoanálisis de la especie, tanto prospectivo como retrospectivo, y no aplicamos los mecanismos que permitan de forma empírica nuestra continuidad, podemos desaparecer como humanidad, por falta de conciencia de lo que debemos hacer, sin llegar a entender qué podríamos ser, sin saber el porqué, aunque nos acerquemos al cómo. Para poder humanizarnos y, a continuación, deshumanizarnos, es probable que debamos ir más allá de lo que ahora consideramos humano. Debemos construir pensamiento de forma incesante y continuada, y desplegarlo socialmente. El conocimiento nos sirve de manera empírica para progresar como humanos; el pensamiento también, pero de forma dialéctica.

De un tiempo a esta parte, me pregunto: ¿de qué sirven los miles y miles de fósiles que hemos exhumado durante todo este tiempo utilizando el método científico si no es para pensar? ¿No es el hecho de haber encontrado en Atapuerca especímenes de *Homo sp.* (es probable que *erectus*), *Homo antecessor*, *Homo heidelbergensis*, *Homo neanderthalensis* y *Homo sapiens* suficiente motivo para pensar en el futuro de la humanidad? Sería un error quedarse solo con los fósiles y su filogenia y no hacerlo con su ontogenia. Un error imperdonable para un espécimen de una especie consciente.

Es precisamente por nuestro incesante y perseverante camino en la investigación como hemos podido llegar hasta aquí. Y por eso, sin desprendernos de nuestros conocimientos, sino todo lo contrario, tomamos cartas en estos asuntos del futuro de la humanidad. Está claro que sin estos conocimientos no nos atreveríamos a pensar ni prospectar para poder diseñar los escenarios de futuro, ya que sería una ingenuidad por nuestra parte. Y es que hablamos de escenarios basados en una serie de cuestiones fundamentales para la continuidad de la vida consciente.

Nuestra singularidad evolutiva nos ha hecho llegar a adquirir conocimientos y formas de pensar que influyen cada vez de manera más notoria en nuestra forma de ser y de vivir. Ha sido nuestra retroalimentación intelectual la que ha acelerado la historia. Y sobre eso queremos escribir: de la consecuencia de hacernos humanos para después deshumanizarnos y cómo eso marcará nuestro futuro, qué escenarios se nos presentan ya en la actualidad y cuáles se presentarán en el futuro de la humanidad.

El conocimiento, la ciencia y la tecnología, así como el pensamiento crítico, tal como repetimos incansablemente, deben convertirse en las cuatro columnas de una realidad evolutiva de tipo teleonómica. Entendemos este concepto tal como lo plantea Jacques Monod en *El azar y la necesidad*, donde se implica la idea de una actividad orientada, coherente y constructiva en la que el ser humano está impulsado a la estructuración de su visión del mundo.

El tecnohumanismo de carácter social debe considerarse una ideología fundamental de la evolución, basada en la heterogeneidad de la acción humana en el planeta y también, ya que hablamos del futuro, fuera de él. Se trata de conservar nuestro espacio vital y prospectar nuevos espacios en nuestro Sistema Solar durante este siglo mientras seguimos escudriñando nuestro entorno, el planeta Tierra. Estamos construyendo una visión de especie que lleva a un cambio de escala tanto temporal como espacial. Como me gusta decir, estamos impulsados a hacerlo. Porque la aceleración provocará los cambios en cascada, y en el agua de esta cascada se intuye y se visualiza no solo el futuro, sino el futuro del futuro. La secuencia, repito una vez más, es humanidad, transhumanidad y poshumanidad.

El irreverente François Marie Arouet, alias Voltaire, tenía mucho criterio y razón cuando, en el siglo XVIII, y más en concreto en 1752, planteó el *Micromegas*. Esa es la verdadera dimensión en la que se moverá la realidad humana, siempre. No se puede prescindir de lo que es pequeño y cercano, pero tampoco hay que menospreciar lo que es lejano y global. Un pensamiento característico de la Ilustración y de la razón como mecanismos de entendimiento de las cosas y lo que las rodea. Una visión universal y universalista que tanto nos ha influido e influirá en el futuro. Y es que tal como indicaba Walter Benjamin en *La metafísica de la juventud*, escrita a principios del siglo XX: «La comunidad de creadores eleva el estudio a la universalidad, y lo hace bajo la forma de la filosofía».

El pensamiento científico tiene como referente el método universal, pero se le añade la lógica de la razón, de la racionalidad, para poder explicar los fenómenos que conforman nuestra realidad. Para conocer la realidad no sirve tan solo lo que es empírico, sino que lo que puede inferirse del método científico nos avala para razonar y construir socialmente, dentro y fuera de la misma realidad. Para poder progresar en el autoconocimiento necesitamos percibir con conciencia si lo que hacemos es consistente.

La complejidad y la diversidad de lo que nos rodea solo pueden ser comprendidas por nuestra capacidad cognitiva y con una mirada de amplio espectro. Una visión estrecha y restrictiva de nosotros mismos nos deslocaliza de la realidad múltiple y cambiante de todo. Eso podría ser lo que explica nuestra concepción del mundo, siempre en cambio y transformación. Si no fuese así, aún seríamos creacionistas y no evolucionistas.

La diferencia entre estas dos concepciones parece obvia. Mientras la primera no da ninguna clave para la explicación que nos permita la comprensión de los fenómenos, el evolucionismo da las necesarias para comprender nuestro mundo y el mundo del pasado. La teoría de la evolución tiene un valor holístico. La teoría de Darwin y Wallace, por su contribución al autoconocimiento en el marco de la evolución del medio natural e histórico, es atemporal y, además, atesora el don de cierta ubicuidad más de cien años después de haber sido anunciada.

Nos hemos dado cuenta al final de que lo humano es una condensación de fenómenos diacrónicos que nos han ido diseñando a través de la selección natural, funcional y cultural, y que el azar ha sido el motor fundamental. Ahora bien, la evidencia nos señala que debemos planificar nuestro futuro, y nos saca de la aleatoriedad que nos ha guiado justo hasta aquí. Probablemente no haya una expresión mejor que pensar en el futuro y vivir en el presente gracias al aprendizaje y las adquisiciones del pasado.

Nuestro encéfalo se ha convertido en una máquina de imaginar, planificar, recordar, pensar, construir y proyectar, pero debemos tener en cuenta que no está aislado en la anatomía humana, sino que la naturaleza nos ha diseñado como contenedor y contenido para la acción y la reflexión; la evolución ha hecho el resto. La naturaleza también es evolución, nosotros hemos surgido de sus entrañas y nos hemos desarrollado en ella y con ella.

Siempre nos preguntamos por nuestro origen —todas las civilizaciones tienen una cosmología o cosmogonía del pasado que les permite explicar quiénes son y quiénes intuyen que fueron—, es una necesidad que se genera en cuanto adquirimos conciencia individual y colectiva. Los aborígenes australianos encuentran la cosmogonía de su pasado en el tiempo de los sueños, los cristianos en Adán y Eva, los aztecas de América basan sus orígenes como sociedad en la dualidad de su dios Ometéotl y su desdoblamiento femenino Omecihuatl, que es a la vez su pareja, y así podríamos examinar todas las comunidades humanas del planeta. Los mitos fundacionales son universales y necesarios para la construcción de la identidad humana; en ese sentido, las diferencias nos hacen iguales.

La pregunta que me surge es si, como especie, tenemos planteada una cosmogonía del futuro. Ya no necesitaremos el mito, sino que probablemente lo sustituirán la tecnología, la ciencia y su socialización. Cómo seremos en el futuro, o cómo será nuestro porvenir, nos ayuda a formular escenarios que son necesarios para sobrevivir en el presente. Apoderarnos de un nuevo sentido puede ser la clave del sentido final de nuestra humanización, si es que realmente tiene una finalidad. Quizá sea un anhelo irrealizable, aunque opino que, ante los cambios que estamos viviendo, debemos lanzarnos a la piscina.

Nuestro interés de especie es hacer que se incremente la sociabilidad humana hasta alcanzar formas de interacción que nos lleven a un equilibrio inestable pero constante y continuo; a una situación en la que la evolución responsable y el progreso consciente sean los raíles por donde circulamos, con independencia del espacio que ocupemos aquí, en el planeta Tierra o, con mucha probabilidad, fuera de él.

Para poder evolucionar aceleradamente debemos romper el orden que nos ha hecho llegar hasta aquí. La inteligencia artificial generativa y creativa (IAGC) será básica, y ya no se trata de establecer un nuevo orden, sino de repensarnos en tanto que especie, teniendo en cuenta que solo en los momentos de desequilibrio se producen cambios trascendentes. En nuestro camino hacia la transhumanidad, debemos ser muy conscientes del postulado de la no estabilidad. Estamos en un tiempo acelerado que se acelerará aún más. La socialización de la transhumanidad es probablemente nuestro destino, mientras que la deshumanización es nuestro proceso de adaptación para sobrevivirnos, generando la nueva trascendencia de la poshumanidad, una vez del todo deshumanizados.

Después de largos periodos de estabilidad o de estasis, siempre hay pequeños periodos de aceleración. Confiamos en que siga esta norma, aunque la revolución científica y tecnológica pueda romper la continuidad estructural. Es necesario que este escenario esté sobre la mesa para no cometer errores de predicción y prospección acerca de nuestra humanidad.

No es fácil plantear socialmente el futuro de la especie o de las especies de nuestro género, y no lo es, sobre todo, si queremos hacerlo de manera racional y no especulativa. Pensar así no es un juego, ni tampoco ciencia ficción, aunque ahora mismo tenga mucho de ambas cosas. Al contrario, es la forma de hacernos humanos con criterio. De fundir pasado y presente y tratar de diseñar el futuro. No se trata de asegurar la felicidad de la humanidad futura, sino de asumir si estos conceptos serán válidos cuando se hayan socializado todos los cambios que ya están vislumbrándose en nuestro mundo.

No solo queremos plantear qué artefactos, qué ingenios y qué organismos existirán en el futuro, sino que además queremos evaluarlos diacrónicamente para que todo cuanto digamos tenga un sentido conceptual y estratégico en tanto que especie del orden primate que reconoce sus orígenes. Podemos postular que las transformaciones tecnológicas solo tienen sentido evolutivo y de progreso si sirven para mejorar las condiciones de las especies del futuro tanto fuera como dentro de nuestro planeta, tal como digo siempre. Esta perspectiva del tecnohumanismo no es la búsqueda de la felicidad, sino la voluntad de encontrarle sentido a los cambios y las transformaciones del futuro, para que, a pesar de que no lo vivamos directamente, sí podamos asegurarnos de que somos capaces de contribuir en su construcción, aunque sea de forma indirecta.

Quizá no sea el deseo de felicidad el que deba movernos. No, no es el deseo de felicidad el que debe movernos, ni ahora ni en el futuro, pero si lo fuese deberíamos hacer caso a un sabio como Séneca, que en su obra *Sobre la felicidad* escribe: «Será, pues, bienaventurado el que es su juicio recto, y el que se contentare con lo que posee, teniendo amistad con su estado, y aquel a quien la razón guiare en sus acciones».

Es obvio que Séneca hablaba para los patricios, ya que los esclavos tenían una severa dificultad para asumir esa reflexión. Ahora bien, en cuanto a la razón, es impecable, tanto en el pasado como en el presente y, muy presumiblemente, en el futuro. Después de dos mil años, nos siguen preocupando las mismas cosas, pero ¿será así en el futuro? Esa es la cuestión.

Sabemos que, tal como indica el vocablo conceptual, los momentos emergentes aparecen muchas veces o casi siempre sin avisar y suelen distorsionar nuestra visión del universo, de la naturaleza y de nosotros mismos. Esto puede parecer una obviedad, pero no porque lo sea debemos dejar de tenerlo en cuenta. Ha sucedido a lo largo de todo el fenómeno vital en el planeta; las mutaciones han sido seleccionadas y nos han ayudado a sobrevivir y adaptarnos a las mejores condiciones. Las emergencias podrían plantearse como mutaciones que debemos ser capaces de utilizar en nuestro beneficio, incorporándolas en nuestros procesos de socialización y convivencia, en el marco de la aleatoriedad.

En ese sentido, podemos plantearnos si nuestro futuro es predecible o no. Tal vez, en parte, lo sea. Es una buena cuestión antes de empezar a escribir esta aventura sobre el futuro. Cuando decidí enfrentarme a este ensayo, me vino a la cabeza lo que le sucede al personaje de Winston en la obra *1984* de George Orwell, cuando hace esta reflexión, que cito textualmente: «¿Cómo iba a comunicar con el futuro? Esto era imposible por su misma naturaleza. Una de dos: o el futuro se parecía al presente y entonces no le haría ningún caso, o sería una cosa distinta y, en tal caso, lo que él dijera carecería de todo sentido para ese futuro».

Nada es en sí mismo; para los humanos del futuro, el suyo no es un tiempo estanco o una suma o integración secuencial que esté ya establecida. Debemos partir de esa realidad. Lo que es necesario saber es si, en una realidad en la que las capacidades tecnológicas lo invaden ya todo, la socialización avanzará al mismo ritmo y si será viable conseguir la sincronización. La clave es saber si eso será viable en la humanidad futura y artificialmente teleonómica.

La ciencia y la tecnología han modificado ya nuestra forma de vivir y entender el mundo. La mecánica cuántica, la biología sintética, la biotecnología, la nanotecnología, el *big data*, la óptica, la biomecatrónica, el espacio digital, internet e Internet de las cosas, la monitorización de nuestros entornos y de nosotros mismos, la simulación, la realidad virtual, la realidad aumentada, la energía nuclear, la conquista del espacio, en general la tecnología y la biotecnología, la inteligencia artificial y la inteligencia artificial generativa (IAG) nos han impulsado a los escenarios de futuro. Esperemos que no nos impulsen a *Un mundo feliz* de Huxley. Como humanos no nos conviene, no sería un buen porvenir de la especie.

La emergencia como metáfora de la mutación en el sentido social y cultural nos mantiene atentos sobre el efecto mariposa que se puede dar en estas singularidades, desconocidas hasta que aparecen con una forma inusitada. Estas emergencias siempre intervienen en los cambios demográficos, en la distribución de recursos, en el aumento o la disminución de la cohesión social y en las formas de ver el mundo.

Ahora mismo, la capacidad de socialización de nuestros descubrimientos es inmediata, como ya hemos afirmado en otros ensayos. La aceleración de la socialización de los procesos emergentes nos ha empujado hacia delante, sin freno. Lo que antes pasaba en decenios ahora pasa en días. Estamos inmersos en una situación endemoniada que nos arrastra hacia el futuro; impulsados, me gusta decir. Estamos ya en las dinámicas de procesos irreversibles y teleonómicos provocados por el conocimiento y su aplicación. Necesitamos más pensamiento crítico.

Para poder entender los escenarios que plantearemos, debemos tener en cuenta en nuestros análisis la dimensión del tiempo y su aceleración. Si no lo hiciésemos, seguramente el valor predictivo y proyectivo que estamos ensayando ahora mismo y aquí sería nulo. Es verdad que, en muchas ocasiones, no vivir en tu tiempo genera anacronismos individuales y sociales, también añoranzas, y, como consecuencia, un despliegue de opiniones negativas sobre los cambios y transformaciones que se suceden uno tras otro. Precisamente, la capacidad de adaptación a la velocidad inconmensurable de nuestro tiempo necesita que nos convirtamos en seres temporales para que la tormenta no se nos lleve.

Ahora bien, no sabemos si el espacio euclidiano o la gravedad newtoniana son comprensibles en la realidad einsteniana; puede que se trate, metafóricamente, de las *matrioshkas* rusas, que unas contienen a las otras. Quizá construir nuestro futuro no sea ya un problema de escala o escalas, sino de un cambio de fase estructurante y sistémico, en el que el concepto de paradigma deje de tener sentido. ¿Habrá otras leyes que nos gobernarán en el futuro? ¿Sucederá que la genialidad einsteniana será superada por otra como lo fue, en el siglo XX, la newtoniana?

Cuando Isaac Newton escribía su obra *Principios matemáticos de la filosofía natural* en el siglo XVII, no podía ni imaginar que Einstein, tres siglos después, sería capaz de formular una ley explicativa de la curvatura del espacio-tiempo. Inimaginable su ecuación $E = mc^2$. Por tanto, lo que ahora no imaginamos y que nos es inconmensurable puede que sea una realidad irreversible a finales de este siglo, el siglo XXI.

En 1865, el gran Julio Verne ya imaginó una quimera cuando planteó el viaje de los humanos a la Luna. Ciento cuatro años más tarde, los humanos poníamos los pies allí. Fue quimera, fue utopía y después una realidad incuestionable. La imaginación tiene una gran capacidad de acción, pero la ciencia y la tecnología aplicadas a la voluntad de conocer y explorar son las responsables de lo que pueda ocurrir en el futuro.

Tanto el progreso humano como los cambios de los entornos son fenómenos que se encuentran correlacionados, y solo una actuación planetaria puede hacer que no estemos tan condicionados por ello. Probablemente, el aumento de la complejidad sea lo que nos permita sumergirnos en espacios de progreso, cambio y transformaciones de momento impensables y poco predecibles. ¿Vivimos en la quimera de no poder saber qué pasará?

En este trabajo tenemos en cuenta todas estas cuestiones explicitadas —es la manera de no pecar de ingenuos—, aunque, en definitiva, no nos condiciona ni nos determina el discurso ni su argumentación. Los mismos escenarios que propondremos responden, en muchas ocasiones, a una utopía. Se trata de un proyecto muy positivo para el bien común y para la especie, pero que cuando se propone no existe aún la posibilidad de llevarlo a cabo. También se trata de heteroutopías, lugares de relaciones diversas y, por tanto, heterogéneas y que interactúan sin sobreponerse unas sobre otras. Un marco distinto y diverso en el que la evolución puede propagarse.

Por todo ello podríamos clasificar este trabajo como pleiotropías, lo que significa que, aunque venimos del mismo sustrato único, se pueden generar características y escenarios diferentes no relacionados entre sí en su concepción, tal como nuestro colega Andrés Moya escribe en *Naturaleza y futuro del hombre* cuando habla de conciencia.

El lector debe saber que en este viaje probablemente se combinen a la vez racionalidad, imaginación y fantasía conceptual con una prospectiva basada en el conocimiento y en el pensamiento de nuestro siglo. Estamos escribiendo este relato cuando todavía mueren y morirán congéneres de especie de hambre, frío o calor, deshidratación, enfermedades, guerras y confrontaciones que nosotros mismos hemos provocado; escribimos en un mundo donde la desigualdad está estructurada como sistema, y no parece que avancemos como deberíamos en la socialización de la humanización, es decir, de manera continuada y acelerada, hacia una relación de igualdad.

Hago esta advertencia con el objetivo de que la imaginación no se vea lastrada por la mala conciencia que nos ha generado una educación que, en muchos casos, no ha servido para comprender nuestra humanidad. Por tanto, es necesario trabajar para que estas desigualdades desaparezcan en un devenir cuanto más próximo mejor, ya que si no es así tenemos pocas posibilidades de avanzar. Se trata de plantear un proyecto de especies en el que mejoremos en conjunto y no de forma individual, es decir, donde la individualidad colectiva surja como posible socialización transhumana.

Queremos dejar claro que nuestro compromiso con el conocimiento y el pensamiento científico nos sirve para iluminarnos en este viaje, que tiene sentido en sí mismo siempre que se lleve a cabo en el marco de un pensamiento de especie en su vertiente más crítica e in-

tegradora, con las alforjas llenas de conocimiento científico y social.

Probablemente, pensar y escenificar el futuro también
nos sirva para prospectar el presente y enfrentarnos a él
con otras herramientas, pues las que tenemos ahora, ya
sean la cultura, la ética, la estética, la moral o la ideología, o bien no nos sirven, o bien no sabemos o no queremos utilizarlas correctamente. Nuestro devenir es la in-
mediatez de nuestra forma de vivir el presente de manera
consciente. Es posible que, tal como ya hemos dicho,
pensar y prospectar nos ayude a cambiar los valores de
los que ya hemos hablado y que tienen mucho que ver
con la conciencia histórica. Es una cuestión de actitud.
Una actitud en la que pensar y prospectar son los sumi-
nistradores del pensamiento crítico necesario para hacer
frente a la gran revolución de la especie, que ya está llegando, como una cascada.

No podemos plantear un relato del futuro únicamente
positivista, basado en la probabilidad de lo que pueda
ocurrir, sino que debemos intervenir en él de forma consciente para que este se pueda sincronizar con las actitu-
des de especie que vayan emergiendo y que, a la vez, nos
ayude a pensar y a actuar de manera crítica para influir
en el porvenir. Mientras tanto, observemos; algo que, en
tiempo de transformación, es una actitud pasiva. Es esa
actitud la que podría explicar el desconcierto de los fal-
sos pensadores, en el sentido de estar cansados o de ser
incapaces de construir a nivel práctico. Esta es la miseria
de la teoría: vacío intelectual, asincronía, anacronía permanente del pensamiento caduco.

Las máquinas orgánicas o inorgánicas del futuro, incluidos nosotros mismos aunque llegásemos a convertir-

nos en inmortales, estarán expuestas a las mismas cosas: al paso del tiempo, a las formas de conciencia, a la tecnología, a los incrementos de sociabilidad, pero también a la codicia, a la vanidad, al orgullo, al sufrimiento o a los sentimientos. Probablemente intentar eliminar todo lo que somos sería el final de especie que algunos colegas plantean para de aquí a no demasiado tiempo. Pero, aunque parezca estúpido, todo lo que nos puede parecer innecesario es lo que en realidad precisamos para que las contradicciones sigan conformando la dinámica histórica.

La historia no muere, se transforma, tal como lo hace la energía. Por tanto, no tiene fin. Eso solo pasará si nos extinguimos, pero solo desaparecerá la historia de la humanidad, no la del mundo y el cosmos. Esto que planteamos es contingente, ya que los que por ahora morimos somos los sujetos de esta historia. Morimos físicamente, pero dejamos lo que sabemos y pensamos en la memoria del sistema para que pueda ser de utilidad social; esa es nuestra utopía.

La capacidad humana para discriminar diacrónicamente lo que es contingente para nuestra evolución está contrastada. Tal como expresa E. O. Wilson, tarde o temprano seguimos caminos que nos permiten una exaptación social mejor. Es decir, que hay caracteres humanos que, aunque no proceden de la selección natural, se han convertido con el paso de tiempo en rasgos funcionales para nuestra especie. Así, pese a que lo que digo pueda parecer paradójico, cuanto más nos alejamos de la naturaleza normal, más humanos nos hacemos. Pero esto no será posible hasta el momento en el que la socialización de la tecnología, la ciencia y la capacidad crítica sea real. Y la llegada de ese momento es una decisión que está en manos de todos. Como siempre repetimos: evolución responsable, progreso consciente.

Pero no podemos volver al futuro sin tener presente la teoría de la evolución de nuestro maestro Charles Darwin. Y, más en concreto, sin el párrafo de su mayor obra, *El origen de las especies*, publicada a mediados del siglo XIX y que cambió la comprensión del mundo para siempre:

> Así, la cosa más elevada que somos capaces de concebir, o sea, la producción de los animales superiores, resulta directamente de la guerra de la naturaleza, del hambre y de la muerte. Hay grandiosidad en esta concepción de que la vida, con sus diferentes fuerzas, ha sido alentada por el Creador en un reducido número de formas o en una sola, y que, mientras este planeta ha seguido girando según la constante ley de la gravitación, se han desarrollado y se están desarrollando, a partir de un principio tan sencillo, infinidad de las más bellas y maravillosas formas.

La naturaleza genera la vida, y es en su seno donde está contenida la nuestra. Una vida mejor adaptada y mejorada, en el sentido de su adaptabilidad. Los primates humanos estamos sometidos a las leyes de la naturaleza y, en este sentido y gracias a las leyes de la selección natural, estamos acostumbrados a estas mejoras. Somos contenedores de información mejorada. Somos memoria de sistema y, ahora, por primera vez, disponemos de artefactos y conocimientos para acelerar esta mejora.

Algo ha cambiado en nuestra evolución, y se trata de un cambio que puede representar una transformación en nuestra continuidad adaptativa. Es precisamente en esta situación en la que los humanos podremos demostrarnos que somos capaces de producir y reproducir sistemas que la naturaleza nos ha incubado. Aprendices inteligentes de una realidad que queremos modificar. Pero ¿qué sentido tiene lo que estamos exponiendo? La respuesta es que tiene el sentido de la vida en tanto que forma de singularidad del espacio-tiempo. Tiene sentido en tanto que esfuerzo consciente de nuestra naturaleza animal y a la vez humana. Somos materia viva consciente y, por tanto, como humanos, vida pensante.

Llegados a este punto, deberíamos ser más precisos a la hora de definir *humanidad, transhumanidad* y *poshumanidad*. Aunque ya hemos utilizado estas calificaciones evolutivas en humanos, podríamos explicar de manera sucinta a qué nos referimos cuando empleamos estos conceptos.

Humanidad es, evidentemente, lo que representa nuestra especie sin modificaciones y el producto de la selección natural hasta nuestros días, antes de la socialización de la revolución científica y tecnológica. Por *transhumanidad* nos referimos a la mejora artificial de nuestra especie, con la posibilidad de generación artificial de especies parahumanas. Y, por último, la *poshumanidad* representa la socialización de la *transhumanidad*.

HUMANISMO TECNOLÓGICO Y FUTURO

Ya que pensamos y hablamos desde el presente, debemos confiar en lo que sabemos para generar motores proyectivos. Lo esencial es que, estemos donde estemos, hagamos lo que podamos hacer. En ese sentido, existen dos posibilidades: retroproyectarse o proyectarse. Es decir que, ya que estamos ahora y aquí, desde dondequiera que sea, podemos desplegar estas dos posibilidades. La diferencia fundamental es que el presente se está estructurando, estamos viviéndolo y construyéndolo; del pasado nos quedan los hechos que han sucedido, y del futuro solo disponemos de la capacidad de imaginarlo y construirlo con los conocimientos que tenemos, aunque todavía sin hechos. Los hechos existirán, pero aún no están aquí, de modo que no disponemos de nada para encontrar apoyo de forma experimental.

Resulta muy difícil asegurar la función científica de la prospección y la proyección, pero en ciencia se hacen predicciones que pueden contrastarse o no por los hechos que, en el momento de llevarse a cabo, todavía no existen como realidades empíricas para la humanidad. Solo la imaginación, la creatividad y el método pueden hacer que esas ideas se promuevan. Ya vendrá la ciencia con su hoz y cortará lo existente para convertirlo en semilla y, por tanto, en alimento real en el ámbito práctico para la humanidad.

Para entender desde el presente, me ha resultado interesante este párrafo de Walter Benjamin de su obra *Tesis sobre el concepto de historia y otros ensayos sobre historia y política*:

> El materialista histórico no puede renunciar al concepto de un presente que no es transición, sino en el que el tiempo llega a detenerse. Pues este concepto define precisamente el presente en el que escribe historia por sí mismo. El historicismo presenta la imagen «eterna» del pasado; el materialista histórico, en cambio, plantea una experiencia única del mismo.

Arrancamos desde estas experiencias, pero no para consolidar la esencia de lo que fuimos, sino para plantear la esencia de lo que seremos o podemos ser. Esta es la cuestión que desgranaremos desde una perspectiva humanista. Pero partimos de un humanismo sincrónico, no anacrónico, y por eso debemos tener buenas fuentes y registros, y que estén bien consolidados. Solo así esas herramientas resultarán eficientes a la hora de esbozar una proyección histórica. Humanismo y evolución, tanto tecnológica como social, y conciencia crítica. En definitiva, una visión que integra decenas, centenares de años de nuestra evolución cognitiva. Lo que ahora llamaremos la *autoecología social humana*.

Pero antes de ponerse manos a la obra, he pensado que sería conveniente plantear la base sobre la que se sostiene y se sustenta el relato de la humanidad que viene, y hasta dónde se hunden las raíces que nos permiten entender hacia dónde avanza el *Homo sapiens*. Reconociendo hasta qué punto las corrientes filosóficas alimentan las corrientes históricas, escribimos lo que muchas veces verbalizamos pero no acabamos 'de hacer del todo nuestro como criterio de análisis. Mientras que los datos se obtienen y los hechos tienen lugar de manera objetiva, la interpretación de esos datos y hechos objetivos no se puede hacer de la misma manera. Al fin y al cabo, no se puede inferir socialmente fuera de un contexto de ideas y, por tanto, filosófico.

Desde esta perspectiva, introducimos el cómo y el porqué del enfoque de nuestra visión del futuro de la humanidad, cómo se interpreta la realidad y desde qué visión se hace posible esta búsqueda de la verdad. Una verdad que muchos humanos encuentran innecesaria, pero que, para algunos de nosotros, humanos que aún nos estamos humanizando, es lo más sustancial de lo que nos ha pasado en la génesis y consolidación del género *Homo*.

No sería justo seguir desarrollando la tesis deshumanizadora del final de la secuencia humanidad-transhumanidad-poshumanidad y, como resultado, deshumanización, sin dejar claro de qué manera se sustenta la secuencia. El hecho es que lo que se explica debe estar sujetado por la lógica histórica y por la capacidad consciente del ser humano para hacer y entender lo que hace. Solo así se puede comprender y desarrollar sin ninguna clase de traba. Por último, la práctica pondrá en su lugar si la interpretación o la construcción ha sido guiada por una voluntad constante de mejorar la sociedad antes, ahora y en el futuro.

El porvenir de la especie o de las especies relacionadas con el género *Homo*, reproducidas de forma natural o por biología sintética y biotecnología, y quizá incluso con la ayuda de la biomecatrónica, está asegurado a mi entender. Son buenas noticias para la diversidad de especies, paraespecies o cronoespecies del futuro de la humanidad, la transhumanidad y, probablemente, la poshumanidad. Pero la integración de la diversidad o se hace muy bien o suele ser un fracaso. Por eso, debemos asegurarnos de que haya diversidad y de que esta esté integrada dentro de nuestras capacidades o las de nuestros descendientes genéticos o miméticos. Y antes de que acontezca la deshumanización.

Para poder entender y conocer el fenómeno histórico en el que ya hemos entrado y que se socializará en este siglo, debemos comprender y reflexionar sobre la perspectiva humana desde el humanismo. En ese sentido, parto de mi profunda convicción de que esa corriente filosófica es la que puede beneficiar más a la especie. Se trata de una perspectiva filosófica y sociocultural que defiendo desde el marco de la racionalidad y la lógica humana; una visión en la que el individuo y la colectividad están en el centro de la acción humana.

Como resulta obvio, hablamos de un humanismo ampliado a todo aquello que ha supuesto la revolución científica y tecnológica en la lógica humana de la socialización y de la aplicación de los conocimientos que están cambiando las relaciones sociales como nunca había sucedido. Es necesario trabajar y pensar desde este punto de vista.

En efecto, debemos hacer memoria y referirnos al humanismo nacido en los siglos XIV y XV, y que está relacionado con la recuperación del naturalismo griego y romano y la cultura clásica en general. Recuerdos del siglo de Pericles. ¡Qué grandes tiempos aquellos!, si no fuese porque la sociedad era esclavista, un peaje que, desde el pensamiento racional, pagaremos para siempre mientras seamos humanidad; no debemos olvidarnos de lo que es injusto. Y es que, si tan inteligentes eran para interrogarse sobre el cómo y el porqué de las cosas, también deberían haberse preguntado por los humanos y su situación, por la comunidad donde vivían y, sobre todo, por la injusticia humana que representaba la esclavitud en lugar de justificarla moral y legalmente.

A través de la globalización comercial, el Renacimiento permitió, como el naturalismo en Atenas, asentar la base de esa manera de pensar en la que la persona, el individuo en tanto que espécimen humano, se pone en el centro del universo. ¡Qué gran visión! Pero el esclavismo, por desgracia, jugó un papel fundamental en la generación de riqueza. La riqueza que permitió pensar en la élite. Hay algo, en aquello que es humano, que nos hace peores como especie.

El humanismo dinamiza una serie de valores relacionados con el conocimiento, con el refinamiento y con una visión más escéptica y menos metafísica de la existencia humana, y a la vez menos trascendental en el sentido de que toca con los pies en el suelo. Sin esta perspectiva, sería muy difícil entender la emergencia de la ciencia y el inicio de la ruptura teocrática.

Porque la cultura teocrática, característica de todas las civilizaciones, dejaba al individuo como estructura pasiva y dependiente de algo superior a través de mitos y construcciones sobrenaturales. De esa manera, el espécimen humano era siempre deudor de otras entelequias, responsables de mover los hilos. Como si la humanidad fuese un teatro de marionetas al capricho de fuerzas desconocidas, universales e indestructibles, heredadas de siempre, donde se marcaban los deseos, los anhelos y la vida de todos. Sin embargo, cualquier principio basado en la fe y el dogma es el más reaccionario y conservador que haya concebido nunca el ser humano; en definitiva, el peor del conocimiento y el pensamiento de especie.

En su formación como corriente filosófica, el humanismo tiene unos antecedentes. En tiempos no muy antiguos, a principios del siglo XIX, es nombrado *humanismo* y aparece como *humanismus*, aunque el término *humanista* se utilizase ya con anterioridad. En efecto, gracias a la técnica, y más en concreto a la creación de la imprenta que llevó a cabo Johannes Gutenberg, el libro se socializa y, al socializarse, esta corriente filosófica se extiende como una mancha de aceite.

En definitiva, se constata que hay una fuerte correlación positiva entre el pensamiento humanista y los grupos emergidos ligados al comercio, tanto en la antigüedad como en la Edad Media, que promueven y expresan ideologías de carácter empírico. Es altamente probable que el comercio permita contrastar la variabilidad y la diversidad de dominios humanos diferentes, de manera que las ideas que mantienen la unicidad pierdan apoyo, primero de forma lenta pero luego más rápida. Lo que entendemos como *planetización* no habría sido posible sin, primero, el intercambio y, después, el comercio.

A través de esa actividad, se diseminan ideas, se comparan visiones de otros pueblos y civilizaciones, se cuestionan falsas verdades, que nos sirven para romper los planteamientos autóctonos, se nos generan nuevas dudas y buscamos pruebas hasta que, gracias a esta manera de pensar y actuar, construimos nuevas realidades. De no haber sido por el humanismo primero y el humanismo tecnológico o tecnohumanismo después, la humanidad nunca habría recorrido tanto camino como animal racional y, por tanto, reflexivo.

Hago esta aclaración porque el humanismo que defiendo es el tecnológico, el que completa al ser humano no solo desde la perspectiva social de la racionalidad, sino también gracias a la técnica y la tecnología como formas de construcción social. En ese sentido, las revoluciones científica y tecnológica han supuesto la socialización de esa corriente que defiendo como la más robusta y contingente del humanismo en la actualidad.

El nacimiento en el siglo XVI de la corriente científica basada en el contraste y el empirismo da credibilidad a la explosión del conocimiento a través de los libros y la educación. Y, durante los dos siglos siguientes, la Ilustración francesa completa la base formal de esa manera de pensar y de actuar socialmente.

Me he visto obligado a hacer esta precisión por los conceptos que utilizaremos para hablar de la humanidad del futuro, de la humanidad o de las parahumanidades que, aunque estas últimas formen parte de la historia, son otra cuestión, puesto que la socialización de la revolución científica y tecnológica y las nuevas perspectivas biotecnológicas y biosociales, así como la llegada del óptimo tecnológico, dislocarán la historia tal como la hemos conocido hasta hoy. Con óptimo tecnológico, me refiero a la máxima capacidad técnica que hemos alcanzado hasta ahora.

Con esto quiero decir que la humanidad tecnológica socializada o el transhumanismo, un concepto que, como veremos más adelante, introduce la posibilidad de automejora de los especímenes humanos, es la transición hacia una realidad diferente a la que, como hemos repetido, había construido el género humano. Este concepto o corriente lo definió por primera vez Fereidoun M. Esfandiary en el siglo xx, y después se ha perfilado como una realidad, en la medida que ya se ha teorizado, hasta convertirse en una metarrealidad histórica en construcción, paradigmática.

El uso y abuso del término por parte de los defensores del transhumanismo ha hecho que en parte de los convenios científicos e historiadores no se considere una corriente filosófica demasiado creíble. En mi opinión, es un término creíble y necesario en la medida que empíricamente se está demostrando que la aplicación de la ciencia y la tecnología en los humanos y sus estructuras sociales y económicas es una realidad diaria que está produciendo ya la mejora de los especímenes. Deberíamos prestar más atención a estos planteamientos para poder entender y diseñar mejor nuestro futuro.

El transhumanismo ya hace tiempo que ha empezado. No se puede perder de vista que es un ciclo vital de la humanidad que viene; una corriente filosófica y social de gran trascendencia en la que, una vez más, las teocracias y el creacionismo deberían ser sustituidos por una realidad constructiva basada en la razón y el progreso humano. Sobre todo, en el caso del tratamiento de las patologías, una perspectiva muy interesante de autointervención de curación de enfermedades o de correcciones traumáticas.

De todos modos, creo que encontramos los puntos nodales emergentes para esta transhumanidad en los ámbitos de la reproducción biológica y en la modificación del cerebro para, por ejemplo, ampliarle la memoria.

Una memoria que debe servir para mejorar el conocimiento, el pensamiento y la tecnología. Estas son las bases de un antropocentrismo crítico y dinámico, encaminado a saber cómo se puede construir otro mundo donde las leyes de la selección natural no gobiernen nuestro destino.

Eso sí, el tecnohumanismo debe confluir con la conciencia operativa y el pensamiento crítico. Debe ocurrir en el marco de la más pura de las tradiciones del humanismo racionalista y dialéctico, de modo que esa confluencia le permita no solo ejecutar ese ciclo diferente de la vida de los humanos, es decir, transhumano, sino también justificarlo, explicitarlo y explicarlo. Desde mi perspectiva, una posición defensiva ante lo que vivimos puede retrotraernos a formas conservadoras que disminuyen el caudal y potencial de cambio y transformación al que estamos impulsados los homininos del siglo XX. Si eso fuese así, perderíamos la gran oportunidad de construir otro mundo, otra cosmogonía.

Más adelante también hablaremos de las tres conciencias de la historia, ya que la síntesis de todas no nos lleva a una formación social, sino a otra dimensión en la evolución de la conciencia en el planeta. Cuando nos hayamos deshumanizado y convertido en pura poshumanidad socializada, esa conciencia será por primera vez una conciencia que emane directamente de la fusión del espacio-tiempo humano.

Esa cosmogonía emergente debe ser capaz de introducir los elementos clave que ya se introdujeron cuando el humanismo no era solo un concepto o una corriente filosófica, sino una síntesis vital de la humanidad que se adentraba en la modernidad. Insistiré en explicar que el humanismo tecnológico nos lleva a la transhumanidad, en la que hay que aceptar que la ciencia y la tecnología, adquisiciones humanas mayores, deben utilizarse directamente en la estructuración social y biológica del *Homo sapiens* y de las otras especies que se puedan generar, como veremos más adelante.

En efecto, el tecnohumanismo tiene que reivindicar por fuerza sin posturas defensivas el transhumanismo como forma progresiva y progresista de evolución de nuestro género. Desde ese punto de vista, debe integrar también el papel intersexual en la producción de la ideología que sustente esa perspectiva futura. El principio de integración sexual debe ser básico y fundamental porque, a través del humanismo tecnológico, teorizamos la transhumanización como proceso adaptativo futuro de la humanidad.

En la medida en que aclaremos la historia humana, pasado, presente y futuro no aparecen necesariamente en este orden. Nos dotamos de los instrumentos y conocimientos para construir el futuro y el futuro del futuro; tratamos de hacer una historia prospectiva, dispuestos a actuar, no concebida como actitud contemplativa y solo para intentar bucear en el mañana.

Así pues, postulamos una dialéctica secuenciada para explicar el corredor social humano en el tiempo. La humanidad con el humanismo, la transhumanidad con el humanismo tecnológico y, finalmente, la poshumanidad. Es decir, establecemos cierta direccionalidad en nuestro proceso de adaptación a nuestro entorno, tal como defendemos.

Considero que era importante explicar la secuencia para dejar claro que la historia de la evolución humana, tanto en el ámbito biológico como en el social y cultural, se mueve en una dialéctica que tiene un hilo conductor en todo el proceso de deshumanización al que nos vemos empujados si queremos prosperar como conciencia cósmica. Y debe ser así si queremos que nuestro legado inteligente y crítico quede contenido en las realidades de lo que será la transhumanidad cuando esta llegue y anuncie la poshumanidad.

Introducimos el concepto de deshumanización en un sentido procesual que, como veremos más adelante, no debe entenderse como un proceso de pérdida del humanismo, sino todo lo contrario. Debemos verlo como una necesidad de ajuste a las nuevas perspectivas y formas de adaptación al espacio-tiempo de los seres, organismos e ingenios que se encuentran dentro del espacio antropogénico.

Si el objetivo o la destinación humana es la deshumanización y en los inicios del siglo XXI todavía somos humanos, quiere decir que la aceleración histórica deberá hacer un gran trabajo para mejorar el discurso y romper con el miedo ancestral del dios que hemos necesitado durante mucho tiempo para poder ser nosotros en la naturaleza.

Alguien podría preguntarse qué interés podemos tener en lo que no veremos ni viviremos, y yo puedo contestar que ese interés es el que nos ha hecho humanos; que sin esa capacidad de planificar el futuro, de tener una visión de lo que vendrá, de ser inquieto, trabajar, pensar y experimentar para mejorar, el *Homo sapiens* sería como cualquier otro primate.

Nos encontramos en el final del principio de la trilogía humanidad, transhumanidad y poshumanidad. A mi entender, se trata de un momento clave en la evolución de la conciencia de la humanidad terrestre, y por eso no deben reproducirse los miedos de fin de siglo ni de milenio, como los del año 1000, cuando la población europea, analfabeta o no, pensaba que los mil años de la muerte de Cristo supondrían el fin del mundo. No, no viene el fin del mundo, por ahora el mundo no se acaba, este es nuestro planteamiento de esperanza. Lo que se ve no es el final, sino el principio de otro mundo cuyos inicios todavía no sabemos cómo ni qué serán, pero que ya tenemos en la cabeza.

Probablemente, hacernos conscientes de la secuencia principal nos acerca a lo esencial de nuestra historia, en la que es posible que haya más futuro que pasado. Y no me refiero al tiempo medido en años, milenios, etcétera, sino a la aceleración histórica de nuestra dimensión espaciotemporal. Es posible que si pensamos en descubrimientos y adquisiciones humanas, un año solar del siglo XXI sean centenares de miles del Pleistoceno. El orden de magnitud todavía no es asimilable para una mente no modificada ni mejorada para comprender este tipo de fenómenos, que debemos ver como cambio de fase.

La antropogénesis tiene un contenido de antropocentrismo fundamental. El «conócete a ti mismo», grabado en el pronaos del templo de Apolo en Delfos, aplicado a las filogenias de nuestro género. Es probable que solo conociéndonos y mejorándonos consigamos la quimera de trascendernos a través de nuestra capacidad crítica.

Lo increíble es la construcción de nuestra memoria, que nos ayuda a enfrentarnos a un futuro que no existe, pero que nos impide construirlo y no esperarlo. Esa es la cuestión paradójica que se abre ante nuestros ojos cuando tenemos la osadía de ser atrevidos por pensar en el tiempo que todavía no existe pero que existirá. Proyectarnos en una historia que nos lleva a la deshumanización para que nuestra conciencia pueda avanzar y mejorar los nodos y los puntos nodales que la sustentan.

Cuando la historia se construye sobre una necesidad de entender qué pasará y no qué ha pasado, tenemos las manos libres para anticipar hipótesis que en muchos casos suenan a fabulación, pero que tienen un lugar en la imaginación del ser humano, por sí solas o como valor especulativo. Y cuando se asocian a los hechos que han acontecido y a sus protagonistas, desarrollan el élan vital de la racionalidad que todavía no ha pasado por el filtro de la ciencia. No olvidemos que la racionalidad emergió mucho antes que la ciencia, y que teorías como las de la evolución que ahora sustentan grandes estrategias no aparecieron hasta el siglo XIX, precisamente producto del racionalismo de la Ilustración y el empirismo.

En ese sentido, el optimismo de la razón nos sirve para poder mejorar lo que pensamos y lo que hacemos; esta es una tarea fundamental del humanismo tecnológico para hacer entender el transhumanismo como voluntad madura de la especie para evolucionar.

A través del tecnohumanismo de especie, tejemos el mimbre que nos hace entender lo que somos y queremos ser. La filosofía nos sirve para unir los trozos de historia en una realidad social que ya nos trasciende. La complejidad se ha apoderado de todo lo que hacemos, y parece que eso no se acabará con la humanidad. En algún momento, la historia continuará con la poshumanidad. Después, sin embargo, y en palabras de Benjamin, esa poshumanidad sí que hará saltar el «contínuum de la historia».

2

REGRESO AL FUTURO

Es coherente entrar a abordar esta cuestión con una cita de *Posthistoria y transhumanidad* de Román Cuartango:

> Aunque la historia, en tanto que operación rememorativa, trate del pasado, en su dimensión existencial su asunto es el futuro. Sin embargo, este no es un objeto manejable, lo que significa que no puede ser sometido a intervención técnica (solo cabe proyectarse hacia él en la forma de lo posible). ¿Cómo hay que entenderlo entonces? Podría pensarse que esa no cosa, ni estado o hecho, sino más bien dimensión histórico-existencial, se halla relacionada con la utopía que despunta en el horizonte, pues ese no lugar desempeñaría el papel de un espacio sobre el que se proyectan los sueños.

Y yendo un poco más lejos, podemos decir que los humanos constructores de quimeras no desesperamos en este ejercicio de prever, proyectar, ambicionar, conocer, imaginar y construir el futuro, muchas veces como si estuviésemos postrados en el interior de un sueño mágico en el que todo es posible y podemos conseguir todo lo que imaginemos. Estas quimeras y ensueños parten de nuestra capacidad de hacer, de pensar, de comprender nuestra realidad, que, aunque objetivamente no sea real, convertimos en objeto de nuestro deseo humano.

Incorporamos las emergencias, las socializamos, generamos teorías y las contrastamos, y así avanzamos hacia el futuro sin ninguna seguridad, pero con esperanza histórica. Quizá ese sea el camino hacia la única lógica que nos puede hacer agentes reales de nuestra humanidad siempre en construcción. En el progreso hacia la quimera, construimos todas las utopías posibles que nos ayudan a desbordar la realidad que vivimos en el presente. Probablemente, como ya hemos constatado, no hay otra manera humana de acercarnos a la construcción de situaciones que todavía no existen, pero que, muchas veces, con nuestro voluntarismo científico y social, intuimos y desarrollamos. Reivindicamos nuestro derecho a soñar despiertos. Un sueño consciente y atemporal.

Impulsados por la imaginación dialéctica y, como si no fuese un sueño, aunque lo sea, proyectamos y visualizamos situaciones factibles —no previsibles en muchos casos— para convertirlas en realidad operativa.

Una y otra vez le doy vueltas a un interrogante existencial: ¿cuál será el futuro de nuestra especie?, ¿y el de nuestro porvenir?, ¿y qué pasará con el *Homo sapiens*? Por más que intente desprenderme de pensar en nuestro futuro, no solo no lo consigo, sino que además experimento el efecto contrario. Quizá sea una obsesión, un sinsentido; probablemente sea así. En cualquier caso, no lo comprendemos todavía porque no nos conocemos lo bastante bien como humanos. Sin la autocomprensión, estamos huérfanos, más bien nos sentimos solos en el universo y, así, todo resulta incomprensible para un primate poco humanizado, con una conciencia débil y una capacidad crítica emergida recientemente.

Puede que sentirse solo en la inmensidad del cosmos obedezca a nuestra incapacidad de conocer y comprender más. Lo intentamos, primero utilizando nuestra inteligencia y, ahora, pensando en nuestra conciencia como especie evolucionada. La información que hemos podido acumular sobre el universo primigenio, sobre su expansión, sobre el origen y la aparición de los aminoácidos, sobre las moléculas de ADN y ARN, sobre los procariotas y los eucariotas, no es suficiente para respondernos sobre lo que es fundamental: ¿qué es la humanidad y hacia dónde queremos caminar? Es decir, ¿qué somos y qué queremos ser?

Somos conscientes de que solo se puede aprender de lo que desconocemos todavía, y en ese proceso nos ejercitamos día a día en tanto que humanos conscientes. Se trata de avanzar en lo que desconocemos desde nuestra perspectiva y nuestra manera de pensar y de hacer. Se trata de anticiparse a la historia con la voluntad firme de planificar, prospectar y predecir hasta dónde somos capaces de intervenir y de autointervenirnos. Avanzamos hacia la transhumanidad multiespecífica. Es decir, hacia un futuro de seres automodificados y fundamentalmente diversos. ¿Será esta una realidad o una especulación espuria?

Visualizamos un horizonte en el que lo que entendemos como moral y como ética caduca a favor de una conciencia crítica de la especie, que ahora mismo se encuentra en construcción y esperamos que muy pronto en proceso de socialización. Nos hallamos en el final de un nuevo principio que se ha ratificado en multitud de ocasiones con la expresión «El viejo mundo no termina de morir, el nuevo no termina de nacer, y en ese claroscuro nacen los monstruos». El tiempo ha mandado y manda en la historia de todo, y todo lo que pasa es historia. No podemos sustraernos a ese proceso.

En el pasado de mis pensamientos estaba seguro de una utopía realizable: era una utopía lineal que explico en el libro *Aún no somos humanos*, escrito junto con Robert Sala, y donde construimos la idea del *Homo ex novo*. Consolidé esa idea en 2007, con el libro *El nacimiento de una nueva conciencia*. Seguramente —pienso ahora—, lo hicimos bajo el influjo de una visión demasiado reduccionista de la evolución y de la historia. En esa obra, al hablar de *Homo* postulábamos lo siguiente:

> Se vislumbra una falta de correspondencia entre lo que es más humano, la técnica, la tecnología y la ciencia, y lo que es primate. Avanzamos por un camino lleno de incertidumbre, la confusión se ha instalado en nuestro comportamiento y también en nuestros hábitos. Todavía no se ha construido el *Homo ex novo* y el *Homo sapiens* se está agotando como proyecto evolutivo. Lo que es viejo no se reproduce y lo que es nuevo todavía no emerge con claridad.

El *Homo ex novo* era una síntesis crítica pero lineal de la evolución de nuestra conciencia operativa y, en ese sentido, superaba a todos los especímenes de hoy en día, y también a todas las especies que nos habían precedido en nuestra filogenia. Probablemente y de manera inconsciente, cuando lo planteábamos, emulábamos la visión humana del superhombre de Nietzsche. En esa visión queremos entender al ser humano en tanto que artífice de su humanidad.

Los mamíferos primates en proceso de humanización y a la vez de deshumanización nos encontramos en un estado intermedio entre los animales y sus pulsiones y las conductas etológicas y la ambición de construirnos en tanto que humanos a través de nuestra férrea voluntad de transformación. Una idea de progreso que nunca fue bien entendida, pero con una gran visión de lo que será la transhumanidad.

Nos equivocábamos. Nuestros deseos de progreso se mezclaron con nuestras fantasías evolutivas ilustradas. Era más un convencimiento que una inferencia científica. Pero ahora, gracias a la ciencia, estamos advertidos de que todo ha sido y será más complejo. Tanto en el ámbito biológico como en el social; la tecnología socializada lo hará posible. Incluso el incremento de la diversidad en nuestro género. Esa es la clave que no habíamos contemplado al hablar de las utopías de nuestra especie en el proceso evolutivo.

Pienso que volvemos a estar dirigidos a la diversidad humana. Como veremos más adelante con más detenimiento, la idea de la síntesis no se producirá en la unicidad sino en la diversidad. Pues la unicidad forma parte de los principios. Así, es necesario entender que la fase de convergencia biológica y cultural de nuestra especie llega después de mucha diversidad y variabilidad. Por eso, el futuro es otra vez la abertura del espectro. Una humanidad de gran espectro. Probablemente, hablamos de diversidad antes de la convergencia poshumana.

Compresión y descompresión, movimientos de sístole y diástole son los que permiten irrigar nuestro proceso evolutivo y dimensionarlo. La hibridación sistémica, los procesos simpátricos y el aislamiento o alopátrica —me refiero al aislamiento geográfico entre poblaciones de la misma especie— forman parte fundamental de este proceso, además de las mutaciones. Nuestro género ha evolucionado y ha dado lugar a este mosaico de especies que nos han precedido y que nos han traspasado y transferido su ADN para poder disfrutar de la experiencia adaptativa de los diferentes pero parecidos.

Los estudios y las investigaciones que ahora se llevan a cabo para estudiar el ADN y las proteínas gracias a nuevas estrategias, métodos y técnicas están demostrando que nuestra especie es producto de un conjunto de hibridaciones que se han producido de este a oeste y de norte a sur del planeta. Somos híbridos que convergieron en una sola dirección a partir de los últimos cuarenta mil años, como explica de manera admirable nuestro colega David Reich, de la Universidad de Harvard, en su libro publicado en 2018, *Quiénes somos y cómo hemos llegado hasta aquí*.

En el estado actual de nuestro género, nuestros logros se han conseguido en movimiento, es decir, desplazándonos no solo por la dimensión temporal, sino también por la espacial. No es un movimiento continuo, pero sí redundante y perpetuo a lo largo del tiempo.

La conquista del espacio planetario ha sido uno de los factores que nos ha ayudado a la hora de hacernos humanos. El marco continental ha sido la plataforma que nos ha permitido conocer y adaptarnos a la diversidad climática y, por tanto, ecológica de la Tierra. Si no hubiese sido así, si no nos hubiésemos diseminado, nuestra especie ahora única no se habría construido con tanta diversidad. Una diversidad que ya abordaremos, pero que queremos explicitar por la importancia que tiene en la génesis de la humanidad actual.

Lo más probable es que el *Homo sapiens* se haya originado en África, en zonas de contacto con el continente euroasiático. Y nosotros, todos los especímenes, tenemos como mínimo un noventa y seis por ciento de sus genes originales, que se fueron mezclando, de manera que, en Europa, los *Homo neanderthalensis* nos aportaron un polo reducido, pero puede que importante para nuestra adaptación a estas latitudes. También los *Homo denisova*, y quizá el *Homo erectus* en Asia, aportaron material genético a nuestra especie en el Pleistoceno. Por cierto, el *Homo erectus* es una especie que proviene de cuatro o más linajes africanos, según las últimas investigaciones.

Los responsables directos de todo este proceso son los homininos africanos que, hace entre seis y tres millones atrás, se encargaron de reproducirse y de generar un espectro demográfico que a través del tiempo adquiriría mucha diversidad. Esa diversidad generaría las condiciones de lucha intraespecífica y haría que se perfeccionasen las formas de adaptación a los diferentes ecosistemas, de modo que unos progresarían y los otros desaparecerían.

Géneros como el *Ardipithecus*, el *Australopithecus* y el *Paranthropus*, igual que el *Homo*, serían el sustrato de nuestra historia humana, una gran historia zoológica. Puede que sin esa diversidad sincrónica y diacrónica no hubiésemos perfeccionado nuestra habilidad para sobrevivir a los diferentes medios hasta la actualidad.

Los cuellos de botella y las extinciones en masa fueron los grandes exámenes de la naturaleza hasta llegar donde estamos. Solo los más aptos y, por tanto, los mejor adaptados, tuvieron la suerte de sortearlos. Y eso no ha terminado. Mutaciones, introgresiones y presiones del medio fueron las constantes que hicieron que nuestros diseños seleccionados se perfeccionasen mediante adquisiciones biológicas y sociales, una manera singular de adaptarse. Los géneros de machos y hembras crearon a través de la singamia una gran cantidad de posibilidades de la experiencia biológica del pasado. También lo hacen en el presente y, por supuesto, lo harán en el futuro, aunque entonces estaremos sometidos a la selección técnica.

Nuestro género, que era ya una destilación evolutiva producto de la diversidad y, muy probablemente, de la hibridación, salió por primera vez de nuestra cuna africana hace entre dos y medio y dos millones de años. Y comenzamos la gran diáspora planetaria. Lo hicimos con un encéfalo reducido y con una capacidad operativa limitada pero tremendamente más grande que la de los otros primates; éramos los más inteligentes de nuestro género y puede que nuestra sociabilidad se hubiese incrementado ya de una manera exponencial respecto a nuestros congéneres de orden.

¿Quién nos iba a decir que seríamos el género zoológico dominante en el planeta dos millones de años después de haber salido del útero africano? Tras la primera salida, hubo muchas más, como la de nuestros antepasados de especie, que atravesaron muchas peripecias. Pero todo nos ha permitido empezar a plantear la búsqueda de quiénes somos, con tal de poder construir lo que seremos en el devenir.

De esa radiación primitiva salieron nuestros antecesores, que o bien desaparecieron o bien se hibridaron con nuestra especie, emergida trescientos mil años atrás. Hace ciento veinte mil años y, posteriormente, hace unos cincuenta mil, volvieron a salir de África o de Oriente Próximo para, esa vez sí de manera definitiva, colonizar todos los territorios continentales gracias a la técnica y a la capacidad de socialización de sus habilidades.

Nos hemos humanizado de muchas maneras, pero la expansión, la difusión y la conquista del planeta fueron esenciales para adaptarse mejor a través de diferentes adquisiciones, sin las que no habría sido posible hacer emerger la complejidad primate y la posibilidad de la exaptación o, dicho de otro modo, la evolución de una determinada estructura para una finalidad concreta. Con el transcurso de los años, esa estructura se desarrolla en una dirección que no era la inicial; así se puede evitar la extinción por selección natural.

Crecimiento del encéfalo, manos hábiles, lenguaje, conocimiento pirotécnico, arte, vestimenta, culto a los muertos, construcción de estructuras complejas y, como consecuencia, emergencia y consolidación de la conciencia. Esas son las principales adquisiciones de los homininos de nuestro género desde su emergencia hace unos tres millones de años.

Hemos sido y hemos comprobado que somos y seremos los viajeros del tiempo y del espacio, nos hemos adueñado de las propiedades de la materia y la energía y hemos construido nuestra singularidad. Ahora estamos haciéndonos conscientes de lo que somos y de lo que podemos dejar de ser; ser o no ser está en nuestras manos.

Muchos de los progresos tecnológicos actuales se los debemos a los colegas físicos de finales del siglo XIX y principios del XX, gracias al descubrimiento del funcionamiento de la estructura de la materia y de la energía. Son una gran familia, pero cabe destacar a Max Planck, Niels Bohr, Albert Einstein, Robert Oppenheimer, James Watson, Francis Crick, los esposos Marie y Pierre Curie y muchos más. Sin su contribución y la de miles de científicos y sus equipos, las realidades tecnológicas y biotecnológicas actuales no serían posibles. Me he detenido en esta disciplina por sus inmensas implicaciones, pero también podría hacerlo con la química y la biología.

Se trata de ser conscientes del hecho de que nuestro conocimiento es el que nos ha permitido comprender y entender el pasado, el presente y el futuro como una misma secuencia. Es así como hemos empezado el autoanálisis que nos debe llevar a nuestro comportamiento lógico en el futuro. A partir de aquí, hemos construido nuestra conciencia de la especie. Sin los grandes descubrimientos en química, física, geología y biología, eso no sería posible. Se trata de la base empírica de nuestras inferencias sociales.

Por todo ello, debemos conocer, comprender, pensar, reflexionar y diseñar lo que queremos como especie o especies. Si deseamos un futuro basado en la diversidad intraespecífica o interespecífica, debemos decidir si hemos roto ya el contínuum de la historia o solo hemos pensado qué queremos hacer. En el segundo caso, sería como fingir que nos hemos hecho mayores pero sin querer ser adultos, ya que la misma evolución nos asusta, por la vertiginosa velocidad de cambio de la que nos hemos dotado las últimas décadas.

La respuesta está en nosotros y en nuestra actitud ante el tiempo, es decir, si somos activos o solamente pasivos, aceptando el paso del tiempo sin más, o si decidimos socializar los avances y aplicarlos sin posturas defensivas para que favorezcan a una humanidad más inteligente, sana, social y crítica en el viaje hacia la transhumanidad.

Si no queremos colapsar como especie, o, mejor dicho, si después del colapso queremos seguir, debemos presentar escenarios evolutivos; ese debe ser el compromiso de una especie inteligente y consciente. Debemos ser atrevidos y disputar al mismo tiempo la complejidad que no hemos alcanzado todavía pero que, presumiblemente, adquiriremos. Si el miedo nos atenaza, no habrá una respuesta válida para evitar nuestra extinción. Si miramos atrás, tenemos información del pasado que nos ayuda a pensar, pero solo si miramos aquello que queremos estaremos más seguros en el futuro.

La civilización mesopotámica duró desde el año 5500 hasta el 539 antes de nuestra era, más de cuatro mil años. La egipcia abarcó unos tres mil años, desde el 3150 hasta el 31 a. C. El Imperio romano se estructuró en el 27 a. C. y desapareció el 476 d. C., duró, por tanto, unos quinientos años. El Imperio chino emergió en el año 221 a. C., y desapareció en 1912, de modo que duró más de dos mil años. La civilización maya, unos tres mil quinientos años; la inca, unos trescientos, ya que emergió en el siglo xii y desapareció en el xvi. El Imperio español también duró unos trescientos años, desde el siglo xv hasta el xix. El Imperio británico se extendió unos doscientos, desde el siglo xviii hasta el xx. Y el Imperio americano, me refiero a Estados Unidos, todo el siglo xx y, probablemente, el xxi.

Como vemos, estas estructuras y sistemas duran desde centenares de años hasta milenios, y los de corta duración algunas decenas. Pero sus comportamientos son parecidos y, sobre todo, nos dejan claro que todas las organizaciones y formaciones sociales tienen fecha de caducidad. Esos modelos ya no nos sirven. Intentar perpetuarlos y aplicarlos en tiempos de la socialización de la revolución científica y tecnológica sería un fracaso de tipo histórico que haría irreversible nuestra destrucción. Conocer el pasado no quiere decir que debamos estar anclados a él; al contrario, debemos ser capaces de construir el futuro para ser capaces de reinterpretar nuestra historia evolutiva.

Todas estas civilizaciones e imperios se han basado y se basan aún ahora en la dominación territorial, la jerarquía, la violencia organizada, las técnicas mal aplicadas, las leyes casi siempre injustas, la explotación de mayorías minorizadas. La sumisión y la falta de libertad son constantes en esas estructuras, generan una gran cantidad de contradicciones que al final no pueden solucionar, se debilitan y desaparecen de manera rápida. Desde hace unos seis mil años, hemos asistido a una cascada de civilizaciones e imperios que han desaparecido uno detrás de otro. Muchos los conocemos por sus ruinas, y lo que fueron edificios —templos magníficos— se han convertido en yacimientos arqueológicos.

Esta es una verdad de tipo histórico que no podemos obviar. Debemos aprender de los errores y, sobre todo, de los errores que no deben cometerse. No hay ni un solo factor que determine nuestro futuro, pero sí muchos que lo condicionan. Algunos emergen y no son controlables, pero otros sí, y a través de lo que es controlable se puede actuar sobre lo que no lo es. La complejidad no se puede gestionar, pero se puede ensayar la adaptación y, en los momentos como los que vivimos y viviremos, se puede hacer con un incremento exponencial.

Ahora, en el siglo XXI, el atrevimiento consciente se presenta como una oportunidad única en la construcción de la realidad futura. La socialización de la ciencia y la tecnología debe hacer posible una evolución responsable y un progreso consciente que permita incrementar la sociabilidad.

Probablemente se nos presenten tres escenarios de futuro que debemos evaluar con mucho cuidado. En esta estrategia prospectiva de especie aparecen estas posibilidades que muchos hemos planteado ya con más o menos suerte.

El primer escenario que esbozamos, de carácter continuista, es que nuestra especie se despliegue sin sobresaltos como los que hemos visto en tiempos de imperio y civilizaciones, es decir, con parsimonia, continuidad estructural y cambio, pero no transformación.

Una segunda posibilidad, la más probable, es que colapse como consecuencia de los crecimientos exponenciales convergentes en los que estamos instalados. Eso quiere decir una discontinuidad que rompa de manera notable con las formaciones sociales que nos han precedido, tanto en el ámbito tecnológico como en el social.

Una tercera posibilidad, si nos comportamos de manera frívola, es la extinción, que, como sabemos, es un fenómeno normal y recurrente en el sistema Tierra. Científicos como James Lovelock sostienen la hipótesis de que en unos centenares de años o, como máximo, mil, habremos provocado nuestra propia extinción. Una hipótesis interesante que se podrá contrastar en el futuro de la humanidad o en la transhumanidad.

Así pues, deberemos escoger entre estos tres escenarios como humanidad socializada en la revolución científica y tecnológica. Deberemos pensar y comprender qué hacemos como especie, al margen de nuestro crecimiento vegetativo, que también se puede poner en duda. ¿Podremos decidir nuestro futuro?

Puede que, para una mente progresista como la mía, la mejor opción no sería seguir igual, ya que parece inalcanzable y no es aconsejable por anacrónica. En cambio, lo más probable es que se cumpla el segundo escenario: el del colapso y la regeneración de la especie en forma de diversidad humana, en el marco de la transhumanidad. Pero eso es solo una opinión.

En la tarea de repensarnos en tanto que humanos en evolución y en proyección, la ciencia y la ficción son estructuras muy cercanas, y la una estimula a la otra. Lo que se piensa se puede hacer, es cuestión de tiempo, pero lo que no se imagina ni se piensa no se puede llevar cabo, puesto que desconocemos su posibilidad evolutiva.

Pensar en términos de imperios galácticos, de federaciones estelares y de civilizaciones extraterrestres que están organizadas como las humanas es ciencia ficción. En el caso de que existieran organizaciones inteligentes, es probable que funcionaran con otras coordenadas evolutivas, aunque orgánicamente estén constituidas por materiales parecidos a los de los primates humanos.

Durante los últimos tres millones de años hemos evolucionado hacia una singularidad en la que conocimiento y pensamiento son primordiales en la socialización de la conciencia de la especie y, en los últimos tiempos de desarrollo y progreso exponencial, lo hemos hecho a través de la tecnología y la ciencia.

Para poder seguir el hilo conductor de todo lo que es esencial en nuestra construcción de futuro, debemos abordar conceptos y realidades que tienen una larga trayectoria en los humanos. Me refiero de manera fundamental a las cuestiones que pueden variar todo el sentido de nuestra especificidad, aparte de la diversidad deseable. Lo que queremos discutir es cómo esta diversidad mantendrá o romperá con el contínuum de la historia de la humanidad en nuestro futuro inmediato y lejano.

Hablamos de las muchísimas propiedades emergidas que ya no tendrán continuidad en el futuro y de las que emergerán y desconocemos todavía en este camino hacia la transhumanidad. Aquí se encuentra la cuestión nodal de nuestro futuro evolutivo o transevolutivo y que conducirá, al final, a la poshumanidad.

Cuando me refiero a cuestiones seminales, me refiero al tiempo de nuestra existencia en tanto que humanos y a nuestra evolución, condicionada y determinada por la demografía, la climatología y la ecología, la forma de vida, la alimentación, el transporte, el sexo, los viajes interestelares, el hábitat, nuestras ideologías y fantasías, el lenguaje y la comunicación, la energía, los encuentros con otras inteligencias... Me refiero, pues, a lo que no podemos controlar todavía pero que emerge como el sol en el horizonte evolutivo.

Esta fenomenología, que se define como el estudio de estructuras de la conciencia que los individuos representan experimentalmente, puede que esté condicionada o determinada por la conciencia operativa de cada uno de los grupos diversos que coexistirán en el sistema Tierra y fuera de él. Y es muy importante la expresión «fuera del sistema Tierra» para entender cómo puede progresar todo nuestro entorno más inmediato en el devenir humano en vías de transhumanización.

Me parece importante constatar la preocupación que debemos tener antes de plantear en qué términos emergerá la complejidad en forma de diversidad, una diversidad que necesitamos si no queremos extinguirnos, como mínimo durante unos milenios. Estar atentos a lo que suceda no nos servirá *per se* para actuar. Eso solo será posible si actuamos desde ahora y a través del conocimiento crítico y el aumento de sociabilidad de la tecnología. Y, en definitiva, todo ello expresado de una manera holística para que resulte constitutivo de la nueva vieja humanidad diversa.

Postulamos que en el ejercicio técnico de la práctica científica y tecnológica socializada es donde está la capacidad operativa suficiente para alcanzar metas de la transhumanidad, que también es historia, una historia en la que la selección cultural y técnica son sus protagonistas y su materia prima esencial. El futuro en el que la conciencia crítica habrá conseguido el inicio de la conciencia cósmica. Ese es el futuro que nos permitirá volver una y otra vez al presente. Es así como lo haremos y plantearemos en el transcurso de este discurso del futuro de los futuros. Y es así como otearemos el horizonte. Tal como hacían nuestros antepasados cazadores en las sabanas africanas cuando querían conseguir una pieza: lo que nosotros queremos obtener somos nosotros mismos. La voluntad de entendernos y conocernos nos impulsa a plantear lo que planteamos. Al fin y al cabo, no sabemos hacerlo de otro modo.

Aun así, antes de seguir advirtiendo y dejando claro en qué tipo de terreno nos movemos, debemos formular cuáles serán los logros y las grandes emergencias que, en nuestra opinión, se producirán al final de nuestra humanidad, entendida como especie consciente, y en el inicio de la socialización de la transhumanidad.

Postularnos así puede ayudarnos a hacer una reflexión crítica y profunda, y a plantear el futuro y el futuro del futuro. Aunque, de momento, solo sea un ejercicio teórico, no retórico, no es nuestra intención navegar por esas aguas tan pobres. Insistimos: nos deben ayudar el conocimiento y el pensamiento, pero, sobre todo, nuestra forma de reflexionar y de razonar como humanos.

No tenemos más instrumentos que los que hemos reivindicado. Son adquisiciones imprescindibles: las que hemos tenido que desarrollar en el transcurso de nuestra evolución como humanos humanizados. Reflexión, conocimiento, pensamiento, capacidad de socialización, ciencia y tecnología. En estas páginas, estas adquisiciones se muestran en el terreno de la imaginación de lo que puede venir, de lo que queremos y de lo que necesitamos para que nuestra forma de conciencia sea un resultado lógico de nuestros proyectos en el planeta o fuera de él. Pensar en ello es harina de otro costal.

3

EL FINAL DE LA HUMANIDAD
ÚNICAMENTE HUMANA

Lo que es humano es a la vez no humano. Muchas de las propiedades que pensamos que son humanas o que decimos que han emergido solo en nuestro género son compartidas con otros grupos zoológicos. Así lo confirman las investigaciones en etología y comportamiento, y allí donde realmente la humanidad ha evolucionado ha sido en su perfeccionamiento o incrementando la complejidad, construyendo y socializando el comportamiento cultural sofisticado. Es importante tener en cuenta este hecho, ya que en la construcción de la transhumanidad puede ocurrir lo mismo. Es decir, puede pasar que pensemos que determinados descubrimientos que se hacen y se generalizan sean solo propios de esa etapa, pero cuando se analizan en profundidad se pueden encontrar raíces y elementos que demuestren que proceden de lo que era anterior.

Quizás el lector se sienta desconcertado, porque justo cuando apenas empezábamos el discurso, ya hablo del fin de la humanidad: la deshumanización. Pero precisamente lo hago porque planteo un asunto muy potente: el futuro de nuestro género. Planteo el principio de la deshumanización y, como consecuencia de eso, la socialización de la transhumanización. Así pues, todo es lógico, o al menos debería serlo de acuerdo con el relato. Los cambios y transformaciones de los que hablaremos serán los que producirán el cambio de fase en la evolución de nuestro género. No se trata de un recambio de paradigma, sino de algo distinto, de una metamorfosis colosal. Una megamutación de nuestra singularidad y un salto en el espacio-tiempo, un salto mortal hacia la singularidad estratégica.

No debemos ser pesimistas sobre nosotros mismos, sobre nuestro futuro, a pesar de la amenaza de un cambio climático brusco, de una epidemia o de una confrontación nuclear. La realidad del medio natural y nuestro medio histórico en construcción nos aleccionan, siempre que estemos al corriente de lo que está pasando. Las antiguas visiones de apropiación despiadada de la naturaleza no nos dejaban ver nuestra naturaleza, tan natural como ella misma. De lo que hablamos ahora es de cómo nuestros conocimientos y nuestros pensamientos generan una manera de pensar y actuar que deja a la naturaleza, no a nuestra merced, sino a la de los sucesos y las acciones de los humanos.

En el caso del clima —del que hablaremos en otro apartado, pero que está ligado a nuestro futuro de fin de la humanidad—, debemos tener muy en cuenta lo que hemos planteado. Estamos atados a él, cambia y se transforma; lo ha hecho desde que existe como entidad en el planeta y está causado por las leyes de la termodinámica, todo influye. En muchos casos, el clima determina las situaciones vitales, de modo que en nuestro planeta tenemos una gran diversidad climática que ha influido en la creación de nuestra diversidad cultural. Lo ha hecho de manera radical en la generación de nuestros comportamientos y las aplicaciones de nuestras adquisiciones universales.

Los humanos, en la búsqueda para que nuestras capacidades productivas y reproductivas sean más eficientes, hemos desafiado el entorno, y lo hemos hecho con una mala práctica, que ha sido, como hemos dicho, de apropiación, y no de convergencia y síntesis con él. Nuestra humanidad humanizada y en transición hacia la transhumanidad debe solucionar estas contradicciones. No somos ni seremos sobrenaturales. Aunque lleguemos a la transhumanidad y a la poshumanidad, seguiremos siendo naturales en un mundo artificial, hasta que el mundo deje de existir.

Entre las miríadas de cambios y transformaciones que se producirán en la transición de la humanidad hacia la emergencia y socialización de la transhumanidad, se contempla una serie fundamental de sucesos que probablemente serán los que rompan la continuidad histórica de nuestro género. Es la primera ruptura del contínuum evolutivo dinámico que entra en un periodo de sucesos de consecuencias desconocidas y que darán lugar a transformaciones exponenciales, difíciles de imaginar, pero que ya intuimos.

Entraremos en un periodo de incertidumbres y de contradicciones que se han desarrollado e incubado *in vitro* en el que habrá que encontrar un camino más o menos consistente para recorrerlas; una nueva lógica histórica marcada por el incremento de la tecnosociabilidad de las especies humanas o parahumanas.

Los cambios o, mejor dicho, las transformaciones, se pueden producir de manera secuencial o de forma aleatoria. Lo que parece más probable o muy probable, y a la vez inevitable, es que se produzcan de una forma u otra según cómo se combinen los sucesos y cómo esas emergencias, al ser socializadas, cambien las formas de conocer, de pensar y de actuar sobre nosotros mismos y en relación con el medio. Hoy por hoy, eso es solo una entelequia teórica en construcción.

Ocho grandes cambios en la evolución de la humanidad nos llevarán a la transhumanidad. Nos movemos en escenarios de futuro y en el futuro de los futuros, la poshumanidad. Así pues, se trata de adquisiciones de conocimiento que ahora mismo deben entenderse dentro del concepto de inconmensurables. En el momento actual deben enmarcarse sobre todo, al menos algunas de ellas, más en el campo de la ciencia ficción y no tanto en la perspectiva de nuestra lógica científica actual.

Son saltos, siempre evolutivos, en nuestro conocimiento y en nuestra manera de pensar, acelerados por nuevos descubrimientos y por nuevos escenarios que se plantearán cuando la ciencia, la tecnología y la evolución de nuestra conciencia confluyan, converjan y se integren. Como consecuencia, probablemente se produzca ese cambio de fase en nuestro género.

Consideramos y pensamos que las ocho cuestiones que postulamos a continuación son las que pueden darnos la estocada final como humanos. Será un final de humanidad que nos permitirá entrar en otros territorios, para nosotros inespecíficos, y que deben variar lo que sabemos, lo que conocemos, lo que pensamos y lo que hacemos. Abordé ya la primera cuestión con cierta profundidad en *El porvenir de la humanidad*, publicado en 2023.

Con una alta probabilidad, la socialización de la inteligencia artificial generativa y creativa jugará un papel transversal en las ocho cuestiones de futuro que planteamos:

1. Se acabará la jerarquía etológica. La socialización de la conciencia crítica de la especie nos conducirá a una conciencia de tipo cósmico. Una conciencia que estará en síntesis con nuestro origen y nuestra singularidad evolutiva.

2. Al descubrir qué es el cerebro y cómo funciona, conoceremos nuestra mente y podremos penetrar en la estructura de los conceptos y de nuestra conducta. Podremos entrar en el interior de la memoria neuronal, tanto la genética como la memética.

3. Generaremos diversidad específica en nuestro género. Eso quiere decir que, gracias a la selección natural y tecnológica, no estaremos solos en el planeta, ni fuera. La generación de diversidad artificial no servirá tan solo para reproducir y modificar lo que conocemos, sino también para generar lo que la naturaleza no ha generado.

4. Colonizaremos el Sistema Solar, en el sentido de conocer y ocupar nuestro entorno fuera del planeta. Esta es una cuestión muy importante, ya que hablamos de un espacio desconocido y diferente del nuestro y, a la vez, que permite abrirnos paso al conocimiento y ocupación de nuestra galaxia. Y, después, al espacio interestelar.

5. Desextinguiremos y resucitaremos a especímenes. Poder ganar la batalla después de la muerte, la desextinción, como camino para devolver a la vida a los que ya no la tienen. Un gran paso en la recuperación de la memoria del sistema biológico, un desafío fundamental en nuestra génesis.

6. Evitaremos como sea la muerte para que la vida se abra paso y podamos ser inmortales o eternos. Un

desafío de la humanidad científica y biotecnológica. Por primera vez, un desafío al tiempo biológico. Así pues, se trata de derrotar definitivamente a la selección natural.

7. Viajaremos más rápido que la velocidad de la luz, para que espacio y tiempo se fundan en una sola dimensión, de manera que el teletransporte emerja como movilidad. Fomentaremos una tecnología que nos permita generar un estado cuántico a escala pluricelular.

8. Estableceremos contacto con vida extraterrestre y con inteligencia interestelar después de comprobar que en los exoplanetas hay, primero, vida y, después, vida inteligente.

1. ACABAR CON LA JERARQUÍA DENTRO DE LA ESPECIE O DE LAS POSIBLES PARAESPECIES Y ESPECIES DEL FUTURO. ¿Cómo acabaremos con la jerarquía etológica o, mejor dicho, cómo deberíamos acabar con ella? Solo con el reparto equitativo de energía y con la igualdad de oportunidades. Las luchas de clase dejarán de tener sentido en un futuro inmediato. Nosotros, en tanto que humanos, hemos hecho todo el recorrido. Primero luchamos por sobrevivir a las especies de nuestro entorno y, después, sobrevivimos gracias al incremento constante de nuestra sociabilidad. Así, se transita de la conciencia de clase a la conciencia de la especie y, por último, a la conciencia cósmica. Ese debe ser el recorrido, y lo haremos a través de la socialización de la conciencia crítica de la especie.

Los individuos de nuestra especie hemos desarrollado el sentido de la colaboración. Quizá, al principio, de forma inconsciente y de forma consciente después, para mitigar los efectos de la selección natural. Si no hubiese sido así, es muy probable que nos hubiese pasado lo que les pasó a otros parientes primates humanos que no han sobrevivido. Ser fuertemente sociales y cooperativos nos ha ayudado en la supervivencia y la reproducción biológica, y no al revés.

En esta evolución social, tuvo una importancia especial el uso masivo de la técnica para conseguir alimentos y defendernos de los depredadores. Esta lucha por la supervivencia en la que se funden lo que es social y lo que es técnico da lugar a la humanidad primigenia, que después incrementa la sociabilidad gracias al desarrollo tecnológico y al lenguaje.

La organización humana primigenia necesita todavía la jerarquía para mantener la cohesión. Los cambios de sistema económicos, el paso de la caza y la recolección a la agricultura y la ganadería tienden en un primer momento hacia sociedades horizontales. Pero poco después la lucha intraespecífica se socializa y da como resultado crecimientos demográficos exponenciales, cambios y la crisis climática. Así pues, los sistemas igualitarios pierden la carrera.

Las jerarquías se organizan y nacen las clases sociales y los estados. Emerge la lucha de clases y todas las formaciones sociales la mantienen como forma histórica de vivir, de manera que la Revolución Industrial refuerza esa lucha y contribuye a la verticalidad y a la distribución desigual de bienes y energía. Esa situación sigue acelerando los procesos de explotación y alienación de la mayoría de los humanos. En la Revolución Industrial —Karl Marx lo explica estupendamente—, los trabajadores o la clase obrera son solo fuerza de trabajo, no son dueños de los medios de producción. Los dueños de los medios de producción son la clase burguesa. Hay clases dominantes y clases dominadas que se confrontan, dice este economista revolucionario del siglo XIX. Según Marx, «la lucha de clases es el motor de la historia».

En un principio, la revolución científica y tecnológica mantiene la lucha de clases y la jerarquía, pero a esa última ya la cuestionan amplias capas de la población. La conciencia crítica de la especie empieza a despertar y el panorama está cambiando. La socialización de la revolución científica y tecnológica, pero sobre todo la posrevolución, acabará con ese funcionamiento etológico atávico. Nosotros trabajamos para que este postulado funcione, y así lo esperamos. La conciencia crítica y operativa de la especie debe imponerse por encima de otro tipo de conciencias anacrónicas.

2. DESCUBRIR QUÉ ES Y CÓMO FUNCIONA NUESTRO CEREBRO representará un cambio más importante, yo diría una transformación antropogénica básica, en nuestros procesos de modificación hacia la transhumanización. No sabemos mucho de nuestro encéfalo, ni de cómo funciona la mente. Todavía hoy, esta dicotomía que planteamos entre mente y cerebro no debería existir por anacrónica. Pero sigue formando parte de todos los discursos académicos, y el caso es que su aparición ha introducido aún más confusión, si cabe, en la fenomenología que nos ocupa. Por ello no entraremos en profundidad en esta discusión, muchas veces más académica que real. No caeremos en la retórica, eso sería demasiado fácil. Cuando no encontramos caminos explicativos, convertimos la ciencia solo en literatura.

La realidad es que no conocemos bien el cerebro aparte de su composición, sus áreas de funcionamiento, su morfoestructura, en general, y, de manera muy elemental, el funcionamiento del sistema neuronal, núcleo y parte de nuestro encéfalo. En el siglo XXI, entre otros grandes descubrimientos, asistiremos a su conocimiento estructural y sistémico. Es decir, iremos más allá del mapeo de las distintas estructuras. Ese conocimiento ha empezado ya y no parece que vaya a detenerse. Hoy podemos entrar en la mente de otras personas.

Los avances en el conocimiento del cerebro nos permitirán analizar cómo se forman las ideas, cómo se construye la inteligencia y, posiblemente, cómo se desarrolla la conciencia en nuestro género. Con una alta probabilidad, al trascender el análisis neuromecánico y biológico de nuestro órgano más decisivo, la deshumanización se acelerará de manera exponencial y, en el proceso transhumano, generará estados de sinergia con otras grandes adquisiciones y conocimientos socializados. No sabemos cómo influirá en nuestro autoconocimiento, pero será trascendental. Entraremos en una nueva fase emergente.

La visión actual del cerebro estudiado de forma multidisciplinaria o interdisciplinaria debe pasar a la forma holística de aprehensión de esa estructura-sistema. Con ello, me refiero al estudio transdisciplinario. El conocimiento parcial nos ha servido para avanzar mucho en el conocimiento del órgano, la tecnología nos ha permitido su conocimiento funcional, pero no entendemos aún sus mecanismos básicos. Solo intuimos caminos, métodos y técnicas para analizarlo.

El conocimiento del cerebro como estructura y sistema es un proceso que nos llevará a la transhumanidad.

Su modificación en el marco de la automodificación humana mediante, por ejemplo, la implantación de circuitos que trabajen de forma complementaria, primero a través de las aplicaciones biomecatrónicas y después con la producción en serie de tejido cerebral para aumentar y construir exoencéfalo, así como la edición genética, serán básicamente los artefactos del cambio y la transformación humana.

El conocimiento del cerebro nos abrirá un mundo hasta ahora desconocido. El funcionamiento, la composición y la estructura del encéfalo son cuestiones básicas para entender cómo opera nuestra mente y las propiedades que se derivan: la inteligencia y la conciencia. Es decir, la capacidad de asociar, planificar y prospectar nuestro futuro como género a través de nuestra especie y de las paraespecies que generaremos a través de la biotecnología.

3. LA CAPACIDAD BIOTECNOLÓGICA DE GENERAR DIVERSIDAD ESPECÍFICA E INTRAESPECÍFICA EN NUESTRO GÉNERO ha sido posible gracias al conocimiento de nuestro genoma y a todas las técnicas que se han desarrollado con esta finalidad. Conocer la estructura analítica de nuestro ADN, así como de las proteínas que construyen nuestros fenotipos es básico para poder establecer más tarde la estructura sistémica. Es decir, sin conocer sus componentes y orden es muy difícil saber cómo se estructuran y se interrelacionan para producir las distintas proteínas que dan lugar a los fenotipos a partir de los genotipos. Ese es el punto en el que debemos insistir en el camino de la generación de la biodiversidad.

Las técnicas de reacción en cadena de las polimerasas (PCR, por sus siglas en inglés), las técnicas de replicación o herramientas como el CRISPR (Clustered Regularly Interspaced Short Palindromic Repeats: repeticiones palindrómicas cortas agrupadas y regularmente interespeciadas), Cas9, así como otras técnicas para editar el ADN están en desarrollo continuo y nos conducen a un conocimiento estructural del fenotipo y el genotipo para su posible modificación o innovación. Por ello, la generación de diversidad es uno de los campos más interesantes a la hora de aplicar esos conocimientos, puede que el más trascendental.

Esta generación de diversidad humana y transhumana debe estar asociada, en un primer momento, a mejorar la salud y la adaptación de la especie hasta que sirvan al progreso humano y no al progreso individual, en el sentido de fomentar el individualismo. Así, deben avanzar en el sentido de una individualidad colectiva mejorada; deben avanzar hacia la transhumanidad como objetivo evolutivo, en el marco de la evolución responsable y el progreso consciente.

La existencia de paraespecies de nuestro género, generadas mediante ingeniería biotecnológica, nos asegura una adaptación mejor al medio que queremos conquistar, así como a nuestra supervivencia como ente con conciencia cósmica.

La posibilidad de intercontrastación de género también nos asegura que emerjan ideas y planteamientos distintos a los que hemos tenido hasta hoy, tanto por lo que respecta a conductos y comportamientos como al progreso de tipo biológico y tecnológico.

Se trata de un avance adaptativo que frenará la parsimonia evolutiva de la selección natural y a la vez acelerará la selección funcional, cultural y tecnológica de nuestro género de una manera que no se ha vivido nunca. En ese sentido, también se recuperará la diversidad de especies de nuestro género que desapareció en el Paleolítico.

Todo eso lo entiendo como una estrategia que debe caracterizar cómo se construirá la forma de razonar de la humanidad o, mejor dicho, de las humanidades. Es probable que estemos impulsados a llevar a cabo o, al menos, a caracterizar todo tipo de acciones, aunque no podamos entender desde ahora en qué horizontes se moverán los especímenes de nuestro género y las distintas especies del futuro y del futuro del futuro.

4. ES PROBABLE QUE SALIR FÍSICAMENTE DE NUESTRO PLANETA, más allá de la Luna, represente un gran salto en nuestra singularidad. Hacer irreversible esa toma de conciencia espacial extraterrestre cambiará la conciencia o las conciencias de los seres que la experimenten. En un espacio desconocido no solo existen medios distintos, sino que también hay interacciones ignotas. La incertidumbre, primero, y la inconmensurabilidad, después, serán efectos que, con toda seguridad, deberán afrontarse.

Cuando la ocupación de otros espacios planetarios sea una realidad, es decir, cuando se haya llegado a socializar nuestra capacidad de ocupar espacios estelares, es probable que toda una serie de cuestiones como mantener la vida en suspensión y la inmortalidad sean ya una realidad.

La capacidad tecnológica y biotecnológica de los seres del futuro puede propiciar una serie de ventajas adaptativas que iremos desgranando en los puntos que hemos planteado, pero que están fuertemente correlacionados. Esas nuevas adquisiciones darán lugar a emergencias que podrán cambiar de manera absoluta la adaptabilidad que los humanos tenemos en estos momentos en el planeta.

Los seres pioneros en esos nuevos espacios podrán desarrollar otro concepto de vida, distinta de la nuestra en el planeta Tierra. Los primeros que abandonen el planeta para adentrarse en el Sistema Solar y no volver serán los conejillos de Indias necesarios para nuestra extensión interestelar. En el desarrollo y la evolución de nuestra humanidad siempre ha sido así.

5. LA RESURRECCIÓN DE LOS MUERTOS Y LA DESEXTINCIÓN nos abren las puertas a otro concepto de los ciclos vitales. El ciclo vida-muerte se rompe, se desestructura y se burla de la evolución tal como la entendemos hasta ahora. Esta visión de otra humanidad que se puede reciclar de manera indefinida acabará con los valores que estamos manejando hasta ahora y de los que creíamos que nunca podríamos sustraernos como humanidad. Pasarán a ser una antigualla de la historia. Como no podrán amenazarnos con la muerte, morirá la jerarquía.

Nos enfrentamos a unas nuevas formas de relación en las que se admite que presente, pasado y futuro —todo— está en transformación y cambio. Si los humanos actuales no conseguimos determinar cómo queremos que sea esta humanidad, transhumanidad y poshumanidad futura, solo pueden generarse frustraciones en la actualidad. Todas estas cuestiones nos provocan estrés. Enfrentarnos a lo desconocido ha sido una actitud que nuestro género ha abordado desde el pasado. La evolución nos ha demostrado que es posible construir sobre la imaginación, sobre todo si esta es capaz de darnos esperanza para socializar esos cambios y transformaciones con la finalidad de no extinguirnos, sino de metamorfosearnos.

Hemos postulado y hemos asumido que todo tiene una gran complejidad, una complejidad de una naturaleza y una magnitud mayores de lo que probablemente hayamos afrontado nunca. La ciencia y la tecnología, desde la perspectiva de nuestra supervivencia, son grandes aliadas que nos deben generar capacidad para prospectar escenarios en los que la moral y la ética, tal como las entendemos, no tienen el mismo sentido. Los valores dejarán de tener la capacidad de cohesión que han tenido hasta ahora, a causa tanto de la diversidad de especies como del hecho que habrá distintas especies que coexistirán al final de la humanidad y en la llegada de la transhumanidad.

No se trata de abandonar todo lo que sabemos y conocemos, pero sí de contar con otro terreno de juego que, aunque aún lo estamos intuyendo, debe cambiarnos a los *Homo sapiens* ya en el presente. No se trata de métodos y técnicas que revolucionan el concepto de humanidad, sino del hecho de que esos tengan una dirección que beneficie al conjunto de especies que existen y que existirán en el futuro.

No podemos pensar que todo acontezca siempre como hasta ahora. Debemos ser conscientes de esas transformaciones. El miedo al cambio nos puede atenazar y, como consecuencia, enrocarnos en posturas defensivas. Si no se hacen las cosas de forma consistente, puede llevarnos a un horizonte que no esperamos y que quizá no sea lo que necesitemos para progresar.

Si ya es difícil hoy en día y somos una sola especie, *Homo sapiens*, nos podemos imaginar cómo será con muchas inteligencias y conciencias que, aunque procedan de nosotros mismos, tendrán expresiones muy dispares y heterogéneas, evidentemente. Las reglas del juego de la diversidad son las de compatibilizar las distintas capacidades y visiones para el gran salto a la transhumanidad. Además, si esa otra realidad está compuesta por especies que no proceden de nuestra filogenia, sino de otros procesos evolutivos estelares, la complejidad será exponencial. Hablamos, sí, de otras filogenias estelares. Así, los humanos del futuro de los futuros deberán enfrentarse a la deshumanización como sistema estructural de sus comunidades.

6. EVITAR LA MUERTE constituye una de las grandes quimeras con las que ha soñado la humanidad. Nos cuesta imaginar que una vida no tiene fin, pero sabemos que alargar los telómeros, regenerar las células, se encuentra en la experimentación científica actual y, por tanto, es factible. Un estudio publicado en 2017 en la revista *Nature* por el equipo de María Blasco, directora del grupo de telómeros y telomerasa del Centro Nacional de Investigaciones Oncológicas (CNIO), mostraba que los ratones con los extremos de los cromosomas más largos tenían un trece por ciento más de vida y menos enfermedades. Esas investigaciones y experimentos nos marcan ya el camino. Estas quimeras de hoy —en el sentido de que solo se han dado los primeros pasos— serán con mucha probabilidad, así me gusta contarlo, las utopías inmediatas de la humanidad.

También hablamos de las tentativas actuales que se han hecho y se siguen haciendo, como la crionización y otras tecnologías. La crionización se basa en la inyección de líquido para evitar la cristalización de los tejidos y vasos sanguíneos y la posterior congelación del cadáver con nitrógeno a temperatura cercana al cero absoluto. Estas técnicas están apenas en los inicios y, de momento, todavía no hacen reversible la vida de los especímenes humanos, pero eso no quiere decir que no se avance en caminos que, tengan o no salida, constituyen caminos estratégicos para esta humanidad.

Desde el punto de vista actual de una especie jerárquica y clasista, estas quimeras se entienden como cuestiones individuales y no como planteamientos para la sociedad transhumana. En ese sentido, en el transcurso de este discurso hablaremos de crisis demográfica o de crecimientos demográficos exponenciales. Si al hablar de crecimientos demográficos bruscos y rápidos, desde la perspectiva de resiliencia de la Tierra, pensamos que son malos para la humanidad y el planeta, el planteamiento de vidas eternas choca y entra en contradicción con muchas de las cuestiones que ahora mismo están condenando a una parte importante de nuestra especie. Sin embargo, ese punto de vista se ha planteado desde la incapacidad humana actual de abordar esos problemas. Los problemas del presente pueden tener soluciones en el futuro.

Lo vemos desde la perspectiva de la vida terrestre, lo analizamos con una visión del pasado antes de la revolución científica y tecnológica, de manera que no los abordamos desde la perspectiva de la diversidad del final de humanidad, ni desde la poshumanidad. Pero aquí estamos, hablando del futuro y del futuro del futuro, cuando una serie de procesos emergentes se consolidarán y harán que nuestra visión de eternidad cambie absolutamente.

No podemos escudarnos en el «nosotros no lo veremos», todo lo contrario. Debemos afrontarlo pensando que nosotros somos los protagonistas en la sombra de ese nuevo escenario, aunque nos traten de locos y de visionarios. Primero se llega con la imaginación, y después con la teoría y la experimentación.

No podemos conocer y pensar lo que pensarán los transhumanos, pero sí que podemos entender que, si vivir la eternidad nos resulta teóricamente interesante, los que puedan vivirla, si en realidad lo permite la biotecnología, al experimentarlo podrán ser críticos con esa posibilidad de desafiar los diseños y las leyes del pasado.

7. VIAJAR A LA VELOCIDAD DE LA LUZ Y EL TELETRANSPORTE es otra de las quimeras que la ciencia ficción ha puesto ya en práctica de manera intuitiva. Nos gusta por la dimensión que tiene en nuestra imaginación de primate humano en las primeras fases de expansión cósmica. La humanidad modificada tendrá las capacidades acumuladas y mejoradas de nuestros conocimientos, hasta el punto de que probablemente será capaz de llevar a cabo las quimeras que en este momento son solo utopías. Viajar es básico para explorar. Y aunque nos encontramos en los albores de esos procesos, toda esa perspectiva es irreversible y, por tanto, factible para la transhumanidad. Esta es una cuestión que no es menor en el proyecto de nuestra descendencia, al contrario. El movimiento es el motor de la adaptación y de la exaptación. Y lo es tanto de las distintas especies que conocemos como lo será de las posibles especies que pueblen el Sistema Solar y otras galaxias, es decir, de la transhumanidad interestelar.

Viajar al cosmos desconocido no solo con naves como las actuales o con robots como ya estamos haciendo, sino físicamente, o al menos como paquetes de conciencia, son escenarios —como todos o la mayoría de los que planteamos— que están fuera de nuestras posibilidades. Pero ahora no hablamos del presente, sino del futuro y del futuro del futuro; por eso entramos en un territorio especulativo o de prospección ligado a la ciencia ficción. Sin embargo, no debe asustarnos.

Utilizar los pliegues del espacio-tiempo para ser impulsados a otros espacios desconocidos son ideas que deben experimentarse y que, en la actualidad, son solo posibles a escala teórica. Conocer y explorar de manera interestelar solo puede hacerse después de prodigarnos en experimentos de orden menor, como la impulsión para explosiones nucleares u otros sistemas que permitirán conocer qué es lo que pasa cuando nos trasladamos. Es probable que la humanidad futura, formada por especies y especies modificadas, tenga a su alcance cosas con las que ahora solo soñamos.

La fragmentación y la descomposición de la materia y su recomposición para poder viajar, la teletransportación, puede que también abra la posibilidad de un campo experimental muy trascendente. Espacio, tiempo, materia y energía sincronizados: una locura.

8. VIDA EXTRATERRESTRE Y, ADEMÁS, INTELIGENTE. El proyecto del Instituto de Búsqueda de Inteligencia Extraterrestre (SETI, según el acrónimo en inglés), que empezó en 1957 y ha seguido hasta hoy, supuso que una institución generase por primera vez un experimento a través de radiotelescopios para captar señales capaces de emitir

seres u organismos a las galaxias. Aquí, en mi opinión, nace la estrategia para conectar de algún modo con otras formas de vida inteligente que, con una probabilidad muy alta, existen en el cosmos.

Hasta ahora carecemos de pruebas de esa existencia. Puede que antes tengamos pruebas, como de hecho ya están apareciendo, de presencia de aminoácidos surgidos después de vida no inteligente en exoplanetas cercanos. Sin embargo, la posibilidad de vida inteligente no puede descartarse nunca. Mediante las preguntas, la ciencia persigue la trascendencia del conocimiento humano. Es probable que la posibilidad de conectar con otras formas de vida o civilizaciones estelares sea solo cuestión de métodos, de tecnología y de tiempo.

El posible contacto con otras inteligencias, en caso de establecerse, generaría un antes y un después respecto a cómo habíamos entendido el universo. Nuestra conciencia cósmica aumentaría de manera exponencial. Los humanos y nuestro antropocentrismo hemos generado teorías en las que nosotros somos únicos por nuestra inteligencia, pero debemos recordar que nuestra inteligencia operativa tiene pocos centenares de miles de años y estaba, en el pasado, muy poco desarrollada. Por tanto, si esa vida inteligente extraterrestre existe, y es muy posible que así sea, ahora tenemos la posibilidad de establecer contacto con ella.

Los terrícolas tenemos ya capacidades de emisión y recepción de imágenes al universo. El Voyager fue nuestro primer mensaje de nuestra situación en el Sistema Solar y de nuestras capacidades, y también ha sido el primer ingenio que ha salido de nuestro Sistema Solar, aunque ya no podrá ir demasiado lejos por falta de combustible.

No puede ser demasiado eficaz por su recorrido escaso. Aun así, para nuestra especie es la primera señal de nuestra capacidad de contactar con lo que no conocemos, es la botella con un mensaje que se lanza al mar; en este caso, al universo.

No obstante, reparamos en la importancia de prospectar nuestras galaxias, con la hipótesis de que pueda existir vida fuera de nuestro Sistema Solar.

Conectar con otras formas de vida e inteligencias y conciencias interestelares puede ser un hecho menos probable para nuestra humanidad, pero no imposible para los transhumanos. Sin duda, el contacto es posible y, cuando exista, la transmisión por radiotelescopio y la capacidad de comunicar abrirá nuevos horizontes apasionantes e indescriptibles.

Hemos hecho un repaso de los ocho escenarios de futuro, de ocho nuevos territorios que se mueven en el ámbito de una ficción que se sitúa en el advenimiento de una humanidad no únicamente humana.

Estos descubrimientos o nuevas emergencias no pueden hacernos olvidar que será difícil que la humanidad o humanidades del futuro superen nuestros rasgos universales. Bien, quizá alguno sí, pero otros resultarán muy difíciles de superar. La ecología, la demografía, el sexo, las ideologías y religiones... En la exploración casi todo seguirá y por eso analizaremos esas cuestiones desde pasado, presente y futuro, en un ejercicio de reflexión e inferencia para aprender y reflexionar sobre nosotros mismos.

Las ocho adquisiciones primordiales nos lanzan hacia una visión del futuro del futuro que depende del tiempo de emergencia de las realidades cognitivas mencionadas y su tiempo de socialización. Por ese motivo debemos volver a la realidad y analizar diacrónicamente cómo estos aspectos distintos de nuestras vidas y conductas nos han impulsado a esos cambios estructurales y sistémicos. ¿Cómo ha pasado todo?

La clave es de qué manera los humanos en proceso de transhumanización metabolizarán e incorporarán esos conocimientos y los cambios que se producirán como consecuencia de las nuevas realidades, de cómo una conciencia planetaria da el salto a una conciencia cósmica.

Lo que parece claro es que esa otra sociabilidad se basará en una serie de realidades múltiples y complejas que ahora no existen en nuestro mundo. Siempre nos topamos con lo mismo: podemos inferir de manera lineal con los procesos anteriores, pero cuando llegamos a las emergencias apuntadas, esas destrozan la pista, de modo que las ideas o inferencias que se pueden hacer no llegan a aterrizar y, si lo hacen, muchas veces destrozan la propia inyección. Pero incluso en tal caso, no dejaremos de intentarlo.

En la misma medida en que se incorporen las adquisiciones fundamentales del futuro, también se producirán los cambios y las transformaciones en nuestra humanidad. En un gran juego dialéctico, lo viejo irá desapareciendo y lo nuevo irá incorporándose en las relaciones sociales y biológicas de las diferentes especies que pueblen el planeta y el espacio exterior.

Emergerá otro mundo, no uno nuevo; probablemente esa sea la gran diferencia respecto a todos los cambios anteriores de la humanidad. No habrá una nueva humanidad, sino diversidad humana. Lo nuevo no existirá porque lo viejo habrá desaparecido y lo que será no resultará reconocible ni comparable. Ese será el momento de la probable transhumanidad socializada, es decir, la poshumanidad cristalizada. La humanidad nueva de nuestro universo no existirá, no existirá su posibilidad. No nos podremos resituar sobre lo que había, puesto que no quedará nada.

¿Existirá lo que es humano en el interior de la poshumanidad? Una gran pregunta que ahora no tiene una respuesta. Eso es lo que sucede cuando te mueves fuera de los hechos que deben producirse o consumarse. La historia fue así. La posthistoria será o no será, pero el hecho es que ahora nadie puede decirnos que dejemos de pensar y proyectar como humanidad. Nadie puede acabar con nuestra imaginación, nadie puede esconder o falsear la belleza de lo que viene, nadie nos puede dejar sin esperanza.

4

CUÁNTOS FUIMOS, CUÁNTOS SOMOS
Y CUÁNTOS SEREMOS

No sé si ninguna especie de nuestro género, anterior a nosotros, se había preguntado cuántos especímenes había en el planeta o cuántas especies humanas vivían en él en el mismo momento. Puede que el *Homo sapiens* haya sido el primero en hacerse esta pregunta, esencial desde mi punto de vista. Al preguntarnos cuántos somos, hay ya una perspectiva de especie.

Para nuestros antepasados debía de ser más corriente contar las unidades de bisontes, caballos o ciervos que encontraban en la zona de caza. Seguro que también contaban para saber qué había en el entorno para así controlarlo. Los humanos somos seres numéricos, a pesar de que no hayamos desarrollado hasta muy tarde las matemáticas, la aritmética, el álgebra, las ecuaciones, los polinomios, las derivadas o las integrales.

Contar está entre las actividades sociales y económicas de la humanidad. El famoso registro arqueopaleontológico de Bilzingsleben, en Alemania, de más de trescientos mil años, nos hace ya conscientes de nuestra capacidad numérica. En los años ochenta tuve la ocasión de revisar una colección muy interesante de huesos con marcas de corte con el matrimonio de paleontólogos Dietrich y Ursula Mania. Curiosamente, lo que en principio parecían restos de corte sobre los huesos procedentes de obtener la masa cárnea, al revisarlos con atención se vio que eran marcas intencionales y que incluso presentaban algún tipo de forma geométrica. Al utilizar como soporte un resto esquelético, los homininos del Pleistoceno medio procedieron a grabar una serie de líneas de forma secuencial. Quizá no querían representar un calendario, pero seguro que estaban codificando algo. Es probable que fuese una manera de enumerar o cuantificar qué pasaba en el entorno.

Consciente o inconscientemente, en la mente de nuestra humanidad se ha forjado una manera de cuantificar. La cantidad es una información importante, basada en la unidad o la pluralidad, y representa una forma básica de nuestra aproximación a la realidad y, como consecuencia, una aprehensión concreta del mundo.

Cuando organizamos un acontecimiento social o familiar, lo primero que queremos saber los humanos es el número de participantes, es decir, todos los especímenes que formarán parte del acto. Empezando siempre por si seremos muchos o pocos, el concepto fundamental es la unicidad y la cuantificación de la colectividad. Las bodas son un buen ejemplo de ello.

Si se trata de pocos, la organización es menos tediosa, pero si la convocatoria es de un grupo grande, todo se complica; se necesita una auténtica logística para llevar a la práctica el encuentro. Deseamos hacerlo, pero somos conscientes de que se ha convertido en un compromiso que nos traerá quebraderos de cabeza. Pero lo hacemos, vale la pena, porque todo lo que incremente la sociabilidad de la especie, una vez adquirido el compromiso, nos beneficia, aparte de que no hay marcha atrás. En términos evolutivos, somos sociales.

La segunda y tercera cuestión es ponerse de acuerdo en la fecha en la que tendrá lugar la reunión, así como el lugar donde se llevará a cabo. El espacio-tiempo es nuestra singularidad humana fundamental, y no nos podemos alejar de él. Estamos capturados por esas dimensiones. Estas referencias son las mismas en el sentido evolutivo de la humanidad respecto a cuántos éramos, cuántos somos, cuántos seremos, dónde hemos vivido, dónde vivimos, dónde viviremos. Es lo mismo pero a otra escala. A una escala descomunal. Es una analogía que nos sirve para reflexionar sobre cómo se ha desplegado nuestra especie por el planeta.

No hace tanto, en 2014, en el Equipo de Investigación de Atapuerca (EIA) organizamos el Congreso de la Unión Internacional de Ciencias Prehistóricas y Protohistóricas (UISPP) en Burgos. Se trata de una de las reuniones con más participación de especialistas en arqueología, paleontología botánica y antropología que celebramos los investigadores en evolución humana, tanto por su extensión temporal como espacial, ya que suelen participar colegas de todos los continentes.

Cuatro años antes del acontecimiento nos habíamos puesto ya en marcha, y al final pisamos el acelerador. Y las grandes cuestiones fueron las mismas: cuántos seremos y dónde tendrán lugar las sesiones; estamos condenados a redundar en lo mismo. Debido al tamaño y a la calidad del acto, se le añadió la diversidad, en el sentido de cuántos colegas y de cuántas nacionalidades participarían. En ese tipo de encuentros, es normal que haya mucha diversidad por el volumen y profundidad del acontecimiento. Al final todo salió bien y se produjo el incremento de sociabilidad entre colegas de todo el mundo, que era lo que deseábamos. Lo que cuento no es anecdótico y sirve para saber qué sucederá en el futuro con nuestras capacidades para organizar y trabajar de manera colectiva.

A propósito de la importancia de la diversidad en los encuentros, me gusta introducir en este apartado una acertada frase de mi colega Andrés Moya, extraída del libro *Naturaleza y futuro del hombre*: «Obviamente, en la medida que la diversidad es una simple imperfección de los arquetipos, desde el esencialismo, nunca podríamos imaginar que sea precisamente la diversidad el núcleo fundamental del cambio evolutivo».

Es un hecho establecido que nos contemos por unidades. Hemos pasado de unos miles de especímenes en todo el planeta hace unos dos millones de años a ser más de ocho mil millones en la actualidad. Con cada mejora climática, y como consecuencia de una buena producción trófica, ha habido un aumento demográfico acompañado de emergencias técnicas, y ahora tecnológicas, que han hecho exponencial nuestro crecimiento como humanos. Antes, en nuestros inicios, no lo hubo por la depredación sistemática a la que estuvimos sometidos. Hasta que no llegamos a la cima de la pirámide, como pasa hoy en día. Ahora nos matamos entre nosotros como parte de esa autorregulación. ¡Increíble!

La revolución neolítica tuvo lugar en el Holoceno, hace más de ocho mil años, y favoreció un crecimiento de población como no se había vivido nunca. Ahora nos apresuramos a llamar a ese periodo Antropoceno. Lo hacemos con razón, ya que los humanos somos los que marcamos las tendencias de la evolución del planeta. Esos crecimientos dieron lugar a agrupaciones y construcción de ciudades en las posteriores civilizaciones e imperios en todo el planeta. La revolución agrícola y ganadera redunda en unos excedentes productivos y, por tanto, a la posibilidad de disponer de alimentos de forma continuada, así como de semillas para reproducir el sistema social y económico. Este fenómeno se produce de manera más o menos sincronizada en Oriente Próximo, América y Asia.

La Revolución Industrial, que se inicia a finales del siglo XVIII, genera una auténtica locura demográfica cuando se empieza a diseminar en el siglo XIX y se globaliza en el XX y el XXI. La socialización de la revolución científica y tecnológica en el siglo XXI marcará el camino del planeta y habrá un repunte de crecimiento exponencial en las poblaciones humanas; probablemente, el último de esta serie evolutiva. Después llegaremos a una situación estocástica y estacional y, tal como plantea Patrick Gerland, supervisor de proyecciones de la División de Población de la ONU, habrá un decrecimiento. En el futuro se abrirán otros espacios para vivir, con los que ahora no contamos. Obviamente, nos referimos al Sistema Solar y, después, al universo.

En el *Ensayo sobre el principio de población*, de 1846, Thomas Malthus predijo la catástrofe humana para 1880 si el crecimiento de la población seguía disparado. Por suerte, su predicción fue errónea, como muchas otras. Su teoría era y es interesante y está bien planteada, aunque adolece de no ponderar las distintas emergencias de tipo tecnológico y de incremento de sociabilidad de la especie. Al fin y al cabo, no tiene en cuenta la gran cantidad de factores que condicionan la demografía y la capacidad humana de adaptarse.

En síntesis, Thomas Malthus venía a decir que, ante un crecimiento geométrico creciente o exponencial de especímenes humanos y un crecimiento aritmético de la producción agraria, no habría capacidad para alimentar a la humanidad y, como consecuencia, se produciría un colapso por hambre y enfermedades. Ahora mismo, en los inicios del siglo XXI, el poder nuclear, el cambio climático y la crítica social y económica nos vuelven a llevar a una situación parecida a la que Malthus había previsto para finales del siglo XIX. Una situación explosiva, ante la cual esperamos que no se cumplan las predicciones catastrofistas. Pero algo deberemos hacer para que eso no suceda. Los modelos son muy interesantes, pero es necesario saber que se trata de modelos, no de procesos reales.

En el siglo XIX, la especie no solo no colapsó, sino que tampoco lo ha hecho con la socialización de la Revolución Industrial. Eso no significa que no lo haga en el siglo XXI a raíz de la socialización de la revolución científica y tecnológica. Pero recordemos que colapso no es extinción. En 1850, llegamos a ser más de mil doscientos millones de especímenes y, en 1900, más de mil seiscientos. Así que algo no funcionó bien en los cálculos matemáticos predictivos de Malthus. La Revolución Industrial fue la responsable del crecimiento exponencial, eso está asegurado con un alto grado de probabilidad, como la revolución científica y tecnológica lo será del nivel estocástico continuo, y al final, del decrecimiento.

De momento, el colapso no se ha producido, pero eso no quiere decir que no llegue. A mi entender, estamos colapsando ya, estamos en el ojo del huracán, pero presumiblemente no será todavía el fin de la especie. Crisis que ya hemos vivido, como la del coronavirus, nos ponen ante el espejo. *Colapso* no significa *extinción*, repetimos por si acaso. Eso debe quedar claro. Ahora mismo hay una gran confusión entre catarsis, colapso y extinción. La extinción es un fenómeno irreversible para las especies que la sufren, mientras que la catarsis y el colapso son fenómenos estructurales o coyunturales reversibles, llamados también *cuellos de botella*. Aunque también es verdad que se pueden encadenar y ser seriamente destructivos, tanto en el ámbito biológico como demográfico o social, para nuestro proceso evolutivo.

Extinciones ha habido muchas en el planeta y, como mínimo, cinco han sido estructurales. Eso significa que miles, puede que centenares de miles de especies, tanto terrestres como marinas, han desaparecido de forma sincronizada. Se han denominado *extinciones masivas*, auténticos colapsos en las cadenas tróficas. Esas extinciones masivas fueron provocadas por procesos geológicos, quimicofísicos, endógenos y exógenos. Ahora se teoriza con la sexta, esta vez de tipo antrópico, es decir, como consecuencia de la aceleración de la antropogénesis.

Las extinciones conocidas en el planeta se han prodigado de manera secuencial desde hace dos mil millones de años. Todas están relacionadas con momentos de tipo catastrófico. Caída de bólidos extraterrestres, volcanes, terremotos, seísmos submarinos, tsunamis, etcétera. En efecto, todos esos fenómenos han producido cambios fisicoquímicos en la biosfera, en la hidrosfera y en la atmósfera que han hecho variar rápidamente las condiciones del planeta en cuanto al clima, la ecología y la meteorología se refiere, hasta el punto de ser los responsables de extinciones masivas terrestres y marinas.

La extinción global más moderna es la de finales del Cretácico, hace unos sesenta y cinco millones de años, que provocó la desaparición de los grandes saurios y permitió que los mamíferos se pudieran diseminar por todo el planeta. Nosotros somos mamíferos, y probablemente sin ese acontecimiento catastrófico no estaríamos aquí; esa extinción, como sucede muchas veces, fue una oportunidad para los diminutos organismos microvertebrados. Nuestros antepasados no perdieron el tren de la evolución, se subieron a él. La selección natural favoreció su desarrollo, fue la oportunidad para desplegar sus capacidades de supervivencia y conquista de los distintos ecosistemas. Es probable que con mucha competencia no habrían podido lograrlo.

Hace doscientos diez millones de años, la extinción del Triásico afectó al cincuenta por ciento de las especies conocidas, tanto terrestres como marinas, e hizo desaparecer, sobre todo, a reptiles y grandes anfibios.

Hace doscientos cincuenta millones de años, la extinción del Pérmico-Triásico se llevó al setenta por ciento de los vertebrados terrestres y al noventa por ciento de las especies marinas. Ha sido la extinción más importante registrada en el planeta.

Hace trescientos sesenta y siete millones de años, en el Devónico, tuvo lugar otra importante extinción: al menos el setenta por ciento de las especies desaparecieron del planeta.

Y hace cuatrocientos cuarenta millones de años, la extinción del Ordovícico-Silúrico supuso la desaparición del ochenta y cinco por ciento de las especies marinas del planeta, la segunda más importante de las que ha habido en la Tierra.

Nosotros, los humanos, emergimos a finales del Plioceno, entre seis y tres millones de años después de todas las extinciones que hemos anunciado. Cuando aparecimos, los continentes eran ya prácticamente iguales que en la actualidad, con pocas modificaciones respecto a cómo los conocemos. Precisamente hemos vivido en unas condiciones que han sido favorables para los primates y, ahora, sobre todo, para los primates humanos. Esas condiciones favorables marcan dos hechos fundamentales: la movilidad y la expansión humana y la cantidad de energía disponible en el medio, que puede adquirirse gracias a la tecnología y a nuestro incremento de sociabilidad.

Hasta el siglo XX, el único regulador del crecimiento de la especie ha sido la selección natural. Sin embargo, a partir de aquí, la selección técnica ya se ha socializado y la consecuencia ha sido que, en el siglo XXI, el aumento de población de la especie no es nada despreciable para un mamífero como nosotros. De todos modos, los cambios en el número de especímenes en el planeta que veremos solo han sido exponenciales en los últimos cien años. Hasta entonces, cuando hemos incrementado nuestra población, la selección natural ha seguido haciendo su trabajo regulador: el hambre, las enfermedades, las confrontaciones armadas, las leyes de la naturaleza han regulado nuestra existencia poblacional. Y, así, pasamos de unos centenares a unos miles y después a unos centenares de miles de individuos, tal como ya hemos señalado.

Las civilizaciones descubren la eficiencia de las técnicas de producción de alimentos y llegan la modernidad y la concentración humana generalizada en los distintos continentes. Hace dos mil años, los romanos concentran en Roma, la capital imperial, a centenares de miles de especímenes, hasta un millón: pasamos de las cabañas al hormiguero. El aumento de complejidad lleva asociado el crecimiento demográfico. La tendencia a la concentración está relacionada con la necesidad de incrementar de manera constante nuestra sociabilidad, siempre y cuando el sistema pueda mantener el orden del crecimiento continuo. Cuando la entropía aumenta y la desorganización tiene más potencial que el orden, se produce el colapso. Ahora mismo, lo que sucede es que la agrupación urbana está en crecimiento exponencial en todos los continentes y, de momento, no parece frenarse.

Ya hemos visto cuántos éramos y cuántos somos en la actualidad. Ahora debemos plantearnos cuántos seremos y qué factores han influido en los flujos demográficos del futuro, tanto del inmediato como del más lejano, cuando las consecuencias de la socialización de la revolución científica y tecnológica se hayan dejado sentir con toda su fuerza.

Por lo que hemos visto hasta ahora, el exponencial al que está sometido el crecimiento poblacional se acelerará todavía más y, como consecuencia, es probable que lleve a un nivel estocástico o caída de la población cuando esté a punto de duplicarse o incluso antes. No parece verosímil que el crecimiento exponencial se mantenga de forma continuada y se eternice. Estos crecimientos obedecen más a modelos de crecimiento y colapso que no a exponenciales sistémicos.

Puede que eso suceda cuando África llegue al primer umbral de crecimiento, como ocurrirá en otros continentes entre 2035 y 2040. Según muchos expertos, se llegará a una población de unos nueve mil millones y se frenará el crecimiento exponencial. Tanto los crecimientos vegetativos como la esperanza de vida en aumento harán que el planeta llegue a los diez mil millones. En mi opinión, ese es un umbral demográfico que entraría en equilibrio sistémico y que haría que la población humana empezara a experimentar un decrecimiento propiciado no solo por la selección natural, sino, sobre todo, por la selección técnica y cultural.

Seremos más para después ser menos y más diversos en el planeta. Dejaremos atrás los crecimientos y los empujones demográficos del pasado, para entrar en equilibrio durante mucho tiempo, y emprenderemos la conquista de otros espacios, para seguir creciendo allí. En el futuro mediato, pequeñas poblaciones de humanos y parahumanos vivirán fuera del planeta como lo harán ahora unos cuantos especímenes en la Estación Espacial Internacional. Este experimento se hace para poder poblar de homínidos otros lugares extraterrestres.

Posiblemente, las bases en la Luna serán el punto físico de partida para la ocupación y el establecimiento en Marte y otras bases del Sistema Solar. Y, más tarde, en el futuro de los futuros, las poblaciones de transhumanos generarán las bases interestelares. Pero aún se tardará mucho en repetir la experiencia demográfica del planeta Tierra. La socialización del espacio del Sistema Solar primero será lenta y después exponencial. Como ya hemos visto, el modelo malthusiano tampoco servirá en el futuro. Parece obvio que los modelos que se proyectan desde la actualidad humana sufren una falta de parámetros correctos que inferir. Los algoritmos pueden ser muy consistentes, pero la misma naturaleza de la complejidad en la que se aplican hace difícil la eficiencia de su predictibilidad.

Recordemos cómo nuestro género, el *Homo*, ocupó el planeta desde que salió de África, hace entre dos y medio y dos millones de años. Primero, y con mucha rapidez, las zonas más cercanas de Eurasia, en la medida en que su capacidad técnica aumentaba. Las zonas más lejanas tardaron más. No se conquista Australia hasta hace cincuenta mil años y, un poco más tarde, América. El Ártico y la Antártida, mucho más tarde; en fechas muy recientes, de hecho.

Debemos contemplar que, en el futuro de los futuros, las poblaciones de los descendientes del ingenio *Homo sapiens* generarán nódulos poblacionales interestelares. Y que estos, con el tiempo, tendrán crecimientos exponenciales en la posrevolución científica y tecnológica. La humanidad convertida en transhumanidad, con su diversidad, generará flujos demográficos de enorme potencial, siguiendo su diseminación en el espacio-tiempo. Será una diseminación multiespecífica.

Además, debemos hablar de una demografía interestelar, formada por distintos tipos de inteligencias. No sabemos qué puede pasar en un marco de inmortalidad, pero, en cualquier caso, la vida sembrada por los terrícolas transhumanos, más las otras formas de vida inteligente y consciente, nos introducirán en coordenadas demográficas de otro orden y magnitud. Del mismo modo que ahora valoramos demográfica y secuencialmente lo local, regional, nacional e internacional, es probable que la evaluación de vida inteligente en el universo deba hacerse de manera similar. Como siempre, hablamos en escalas que en la poshumanidad serán lógicas, aunque ahora nos resulten más propias de la ciencia ficción.

Debemos plantear cómo será el futuro evolutivo de nuestro género y, tal vez, la cuestión más relevante sea el número de especies humanas o parahumanas que convivirán en el Sistema Solar o en otros sistemas de nuestra galaxia. El futuro del futuro, o sea, la poshumanidad, será el de la diversidad y es posible que sea el de la integración de esa diversidad. Eso ocurrirá cuando la conciencia cósmica sea realmente intraespecífica.

5

¿CUÁNTAS ESPECIES HUMANAS SEREMOS EN EL FUTURO?

En la actualidad, muchos humanos, informados o no, hablan de nuestra extinción. Es natural que, en momentos de cambios estructurales, la conciencia social movilice ese tipo de preocupaciones, a las que me añado, aunque sin ningún afán de lanzarme al pesimismo histórico ni a un futuro apocalipsis social de nuestra especie. No está mal que haya una preocupación por nuestro futuro; eso sucede cuando hay interés por sobrevivir. Cada día debemos preservar más ese interés, como consecuencia del aumento exponencial de nuestra conciencia crítica de la especie.

Parece evidente que, al preocuparnos por la especie, nos preocupemos por nosotros mismos como individuos. Es así como se une la filogenia con la ontogenia y la estructura social, en una síntesis evolutiva genial. La preocupación específica de nuestra evolución nos introduce en el camino del reconocimiento de nuestra racionalidad y del incremento de sociabilidad que hemos experimentado con la aceleración histórica en las últimas décadas.

Esta preocupación por el futuro de la especie es la preocupación ontológica fundamental y que dará sentido a la transhumanidad como ciclo histórico de transformación de las propiedades humanas.

Ahora es bastante más frecuente oír hablar del *Homo sapiens*, también de especie. Libros, revistas, métodos de trabajo, restaurantes, etcétera, han promocionado el vocablo de nuestra especie. Es un gran avance: por lo menos, ya no hablamos sin especificidad, como habíamos hecho hasta ahora. Los neandertales (*Homo neanderthalensis*) también son muy conocidos y se encuentran en boca de todos: la arqueología, la paleontología... Ahora, la genética y la proteómica contribuirán todavía más a que se hable más de las especies que nos han precedido y con las que hemos convivido y, también, de las que nos sustituirán.

Para empezar, debemos explicar que una especie está constituida por una serie de individuos que son morfológicamente muy parecidos entre sí y que se pueden cruzar, es decir, que dos especímenes de sexo diferente, al efectuarse la singamia, permiten tener descendencia de sus progenitores. La descendencia recoge características del macho y de la hembra, características que, a su vez, los progenitores adquirieron de sus antepasados directos.

La definición de una especie biológica no es la misma que la de una especie paleontológica, es decir, de una especie no viva, fósil. Una especie fósil está constituida por elementos biológicos o esqueléticos que son homologables, con independencia de que se hayan podido cruzar o no y tener descendencia.

Explicada la diferencia entre una especie y otra, también podemos aclarar qué pasa con los neandertales y nosotros. Si neandertales (*Homo neanderthalensis*) y humanos anatómicamente modernos (*Homo sapiens*) se han cruzado —y eso está comprobado empíricamente por la genética—, ¿por qué decimos que son dos especies diferentes? En realidad, se trata de la misma especie. Por eso nos hemos avanzado a aclararlo, para que no haya confusión.

El reconocimiento de que la mayoría de los *Homo sapiens* del planeta somos híbridos ha permitido rizar el rizo en lo que respecta al conocimiento que teníamos de nuestra filogenia y de nosotros mismos. Cualquier miembro de la humanidad actual, por un módico precio, puede solicitar un análisis de ADN y, si es euroasiático, por ejemplo, podrá saber qué porcentaje tiene de denisovano (*Homo denisovensis*), una especie fósil que se ha descubierto en Siberia.

Ya hemos explicado la diferencia entre una especie paleontológica y biológica en cuanto a su definición. Ahora deberíamos referirnos a cómo definir una especie confeccionada en un laboratorio, quizá sintética. Como vemos que el panorama se complica, hay que advertir desde el principio de la dificultad que tendremos. Se trata de definiciones que antes no existían, ya que esta situación no se producía. Todo cambiará mucho. Lo hacemos ahora que, por motivos éticos, no se permite desarrollar embriones sintéticos hasta la generación morfológica.

Hablamos de nuestro futuro como humanos, representados, de momento, por una única especie de *Homo sapiens*. Y lo hacemos como si nuestra especie fuese invariable y atemporal, como si en el pasado no hubiesen existido otras, o como si en el futuro no pudiesen existir nuevas; como si nuestro género acabara con nosotros. Pero con esta forma de pensar habíamos obviado la tecnología, la biotecnología y todos los artefactos que nos ha suministrado la revolución científica y tecnológica.

Calculábamos con parámetros de la modernidad y de la posmodernidad.

Después de quitarnos de encima, como mínimo de forma teórica, la supremacía antropocentrista y de especie y la correspondiente monoespeciación —y razonando con más proximidad—, me he permitido proponer nuevos horizontes como un postulado saludable, para que todos pensemos en el futuro de la humanidad y de la poshumanidad con cierto grado de imaginación y rigor. Todo pasa muy deprisa, y lo que parecía imposible hace unas decenas de años, a lo largo de la escritura de este ensayo ya se ha hecho plausible, al menos a escala de planteamiento, pero también en el ámbito tecnológico y biotecnológico. Para el lector a quien interese este tema, lo he desarrollado ya en libros como *El Homo ex novo* y *Los humanos del futuro. De la piedra a la Luna*, este último escrito con Marta Navazo.

Antes de profundizar sobre la diversidad futura del género *Homo*, quiero introducir una variable que no es fútil: la que nos ha proporcionado la ingeniería genética y la repercusión que puede tener en la evolución de poblaciones en el planeta. Hablo del hecho de que ya sabemos que, gracias al progreso de la biotecnología, es posible desextinguir especies. Las quimeras del pasado, convertidas en realidades del presente. En realidad, este milagro científico ya ha tenido lugar. Son interesantes el concepto y la ideología que puede haber en esta estrategia de soporte a la regeneración del sistema en el ámbito zoológico. Con eso, pasamos de ser los responsables de la sexta extinción a ser los protagonistas rescatadores del reino animal.

Nuestros colegas aragoneses del CITA (Centro de Investigación y Tecnología Agroalimentaria) consiguieron, bajo la dirección de José Folch y Eduardo Arias, desextinguir por primera vez a un animal vertebrado herbívoro, la cabra montés de los Pirineos (*Capra pyrenaica pirenaica*), una especie que tuvo mucho éxito en los Pirineos, pero que fue casi exterminada por la presión a la que los humanos la sometimos con nuestra actividad cinegética.

El infortunio se encarnizó con un ejemplar de este cuadrúpedo de los Pirineos, llamado Celia, que murió por la caída de un árbol durante una tormenta en el año 2000, en el parque de Ordesa. Por suerte, antes se le había extraído material genético de la oreja y se disponía de esa muestra conservada en el laboratorio. Un éxito de la anticipación hizo posible el milagro de obtener células madre de ese animal, el último de su linaje.

En efecto, se trataba de un embrión clonado de cabra montés de los Pirineos utilizando el ADN de Celia, conservado en nitrógeno líquido, que se implantó en óvulos de cabra híbridos. Solo un embarazo llegó a buen puerto y, después de ciento sesenta y dos días de gestación, la cría nació y vivió unos minutos, pero murió. Aun así, por primera vez en la historia se había desextinguido a un animal.

Era una oportunidad fantástica para probar las técnicas modernas de reproducción, y se emprendió la tarea. Me llenó de satisfacción encontrarme con el equipo que llevó a cabo esa proeza en el momento en el que grabábamos un documental dirigido y producido por mi amigo Alfons Par. Lo que parecía una quimera se convirtió en realidad sin pasar por la fase de la utopía.

En el mismo documental, todos los miembros del equipo de rodaje viajamos a Siberia, en concreto a Yakutsk, para ponernos al día de los intentos de desextinción de los mamuts (*Mammuthus primigenius*). La buena conservación de cadáveres momificados que han permanecido en el permafrost nos permitió ver de primera mano parte de los especímenes de miles de años de antigüedad, así como conocer los procesos para resucitar a una especie que desapareció hace miles de años. La sensación que te produce encontrarte solo en el interior de una cámara frigorífica con un animal que se extinguió hace cuarenta mil años es única, y doy gracias a mi profesión y al rodaje por la oportunidad de convivir durante un rato muy largo con la momia. Se trata de que no nos olvidemos de coexistir con nuestros antepasados del Paleolítico...

El proceso de desextinción se lleva a cabo utilizando ovocitos de elefanta asiática (*Elephas maximus*) y material genético de los proboscidios extinguidos (*Mammuthus primigenius*), en un proyecto en el que quieren producir miles de esos animales. Uno de los objetivos más ambiciosos es utilizar esos proboscidios producidos en el laboratorio para evitar la descongelación del suelo e intentar así que el permafrost no desaparezca en un territorio concreto. El permafrost son sedimentos que permanecen congelados todo el año, un tipo de nevera sedimentaria. Muchos cadáveres ultracongelados se han mantenido allí hasta nuestros días, con lo que resguardan la memoria biológica del sistema.

El hecho es que, si se consigue que miles de esos proboscidios híbridos circulen por la superficie, el suelo se puede mantener congelado y se puede incidir sobre la temperatura ambiente, rebajando un grado o grado y medio la temperatura media de la zona experimental. Y es que el gran volumen de los animales, así como su movilidad en el territorio, asegura la compresión de los sedimentos.

Instituciones como The Long Foundation, a través de programas como Revive & Restore, aplican ya estas dinámicas, que a corto y largo plazo harán posible la desextinción de animales a través de técnicas como el CRISPR.

Esta ha sido mi corta experiencia con proyectos que quieren restituir la diversidad. Hasta aquí no hemos hablado de los humanos, pero ahora es el momento de hacerlo. Con este objetivo, le pregunté a mi amigo, colega y prestigioso genetista del Instituto de Biología Evolutiva (CSIC, Universitat Pompeu Fabra) Carles Lalueza si era posible desextinguir a un *Homo neanderthalensis*, y me quedé estupefacto cuando me dijo que sí. Son palabras importantes cuando vienen de un experto que ha trabajado de manera continuada sobre el ADN fósil y ha contribuido a secuenciar el genoma, junto con los equipos del Instituto Max Planck en Alemania.

Puede que esta sea una de las primeras veces en mi vida de estudioso en la que he tardado cierto tiempo en metabolizar una afirmación. En efecto, las técnicas del CRISPR permiten la edición genética y eso nos muestra, una vez más, que la realidad va mucho más allá que la ficción. Me quedé anonadado. Todavía lo recuerdo como algo mágico e inconmensurable. No creo que vaya a olvidarlo nunca.

Todo es cuestión de tiempo. Ya ocurrió lo mismo cuando se consiguió secuenciar ADN de los restos óseos de los homininos preneandertales de la sima de los Huesos de Atapuerca. Cuando apareció albúmina en los restos óseos de ese yacimiento, pensamos que era la prueba de su buena conservación en el interior del carst, con una humedad y temperatura constantes durante centenares de miles de años.

Lo que no nos imaginamos es que, pocos años después, nuestros colegas del Instituto Max Planck nos ayudarían a encontrar ADN mitocondrial primero y, poco después, nuclear. La publicación de esos descubrimientos en la revista *Nature* en los años 2013 y 2016 ha representado uno de los acontecimientos más apreciados como científicos y uno de los éxitos que el equipo de investigación de Atapuerca, junto con los colegas del instituto alemán, hemos conseguido. El trabajo en equipo y colaborativo son los rasgos de identidad del Equipo de Investigación de Atapuerca (EIA) desde que iniciamos este proceso de excavaciones en los yacimientos de la sierra en 1978 con Emiliano Aguirre.

Ahora bien, después de todo lo que hemos dicho, nos preguntamos si es necesario reeditar una especie antigua de la que todavía hay una parte en nuestros genes o si solo debemos utilizar la selección artificial para la edición de especies nuevas. Esta es una pregunta que dejo en el aire para que el lector piense en ella. Hecha esta introducción, es momento de desarrollar nuestro relato del futuro sin esperar más.

Empecemos, pues, a relatar desde este momento cómo avanzamos hacia el transhumanismo. Y enseguida nos preguntamos: ¿por qué pensamos que habrá diversidad humana, parahumana o transhumana, tanto en el planeta Tierra como fuera? Pero quizá sería mejor plantear lo siguiente: ¿queremos que haya diversidad homínida o parahomínida en el planeta en el futuro? Y, en cualquier caso, ¿por qué deberíamos estar interesados en que emergiera? Con una alta probabilidad, pensamos que esta última formulación es la correcta, el porqué es lo más importante.

Pensamos en un futuro o en un futuro de futuros en el que probablemente se producirá una cascada de situaciones y sucederán muchas cosas que harán cambiar y transformarán la forma de actuar de los humanos y de los transhumanos. Una transformación que ahora parece inconmensurable. Un futuro de futuros en el que es probable que tengamos contacto con otras formas de inteligencia, en el que conoceremos el funcionamiento de nuestro cerebro, en el que podremos viajar a la velocidad de la luz, etcétera.

Cuando pensamos que ahora todo eso son quimeras, lanzamos desafíos a nuestro conocimiento y a la ciencia y la tecnología. Son desafíos que buscan pedir al conocimiento, para pedirnos a nosotros mismos, que nuestros sueños se conviertan en realidades tangibles. Todo debe ser cuestión de tiempo. Al menos, yo lo veo así. Una realidad donde ya no estaremos, pero de la que habremos puesto el sustrato.

La respuesta a todo lo que postulamos es que la diversidad específica o extraespecífica puede ser fundamental para adaptarnos en la aceleración de nuestro espacio-tiempo y conseguir sobrevivir como conciencia planetaria y cósmica. Con esta propuesta ya concretada, podemos bucear en el pasado de nuestra evolución y mirar qué ha sucedido en los últimos milenios. Esa es una buena manera de encontrar una base firme para poder prospectar nuestro futuro y construirlo de modo que permanezcamos en él. Nuestro planteamiento es claro: como humanidad, mucho mejor diversos.

En efecto, hace unos cuarenta mil años todavía existían muchas especies de humanos y, por tanto, había una gran diversidad en el planeta. Por su importancia, nos detendremos un momento para explicarlo. El hecho es que tenemos pruebas empíricas de que nuestro género, *Homo*, aumentó su diversidad y su orden (o el nuestro) en el ámbito genérico de amplio espectro de finales del Pleistoceno superior.

Por supuesto, nosotros, los *Homo sapiens*, estábamos allí y compartíamos el sistema Tierra con otros congéneres como el *Homo neanderthalensis*, el *Homo denisovensis*, el *Homo floresiensis* y el *Homo luzonensis*. Y hacía poco que habían desaparecido los últimos *Homo erectus*. No discutiremos aquí si eran especies biológicas o formaban parte de una especialización funcional de nuestro género. Está claro que nuestra composición genética era parecida y que compartíamos técnicas, cultura y funcionamiento social y quizá simbólico. También sabemos que hubo contacto e hibridación entre algunas de ellas.

Visto en retrospectiva, la pérdida de diversidad actual de nuestro género me pone la piel de gallina. Aunque nosotros, los *Homo sapiens* del planeta, somos el resultado de una hibridación, no podemos compartir con nuestras especies fósiles el conocimiento y dialogar con ellas. La pérdida de diversidad que sufrimos desde hace unas cuantas decenas de miles de años debemos relacionarla con el acontecimiento unificador de nuestros antepasados africanos y la capacidad de adaptación, tanto biológica como cultural. Hablamos de la emergencia del *Homo sapiens* y su difusión.

¿Qué ha pasado con las distintas culturas, adquisiciones técnicas y conciencias individuales y sociales? ¿Cuál ha sido la capacidad de absorción y metabolización de nuestra especie respecto a los que no eran como ellos pero con los que llegaron a convivir?

Abordemos la cuestión que será nodal en el futuro: ¿cuántas especies serán plausibles, tanto de humanos *sensu stricto* como *proto* o *para* y, en consecuencia, cuán transhumanos? A mi entender, en un futuro no muy lejano puede que haya cuatro o más especies de homínidos o parahumanos. Eso es lo que postulamos de manera crítica y científica, pero también socialmente. Se trata de un mensaje potente en el espacio-tiempo futuro, la demostración de que, para construir nuestro futuro, la selección técnica y cultural es tan o más eficiente que la misma selección natural.

Es probable que el aumento de diversidad sea una estrategia artificial de adaptación del *Homo sapiens* en el futuro. Podríamos empezar enumerando la diversidad para centrar el tema y después hacer una breve explicación de esa diversidad y de su significado. Así que, sin más prolegómenos, expliquemos nuestra proposición no como una utopía, sino como una realidad tangible y conmensurable que se inicia antes de la socialización de la transhumanidad.

En primer lugar, siguiendo nuestra inercia evolutiva en el marco de la selección natural, serán los humanos sin modificación o naturales los que, por evolución, seguirán formando el grueso de la población, con independencia del desarrollo tecnológico o biotecnológico, al menos en el futuro inmediato. O sea, especímenes que no admitirán ninguna modificación genética. Eso pasará por la existencia de ideologías más conservadoras que, basándose en el creacionismo, en ideas teocráticas u otros conocimientos y pensamientos conservacionistas, no dejarán que los humanos transformen la obra divina. Pero también pasará por ideologías ecológicas y ecologistas reduccionistas que piensan que la transformación artificial y la mejora de las especies no es un camino correcto. Debo aclarar que eso es una opinión y que, como tal, no deja de ser subjetiva y ligada a la manera que tengo de pensar como evolucionista.

Una segunda posibilidad serán los humanos que ya han sido modificados genéticamente, o bien para preservarlos de alguna patología o bien porque de manera voluntaria han alterado los procesos de la selección natural. Estos humanos modificados no serán necesariamente demasiado diferentes a los humanos *stricto sensu*, pues solo se habrán alterado parte de funciones que en muchos casos no deben de haber sido vitales, pero sí de mejora específica. Se trata, en este caso, de un criterio subjetivo para autorizar la modificación de su evolución, seguramente porque se piensa que estarán mejor adaptados para sobrevivir (o para vivir sin una serie de miedos) respecto a las personas no modificadas genéticamente. Estos serán ya un grupo de transhumanos, pero de rango menor en relación con los que ya sean editados genéticamente.

Un tercer grupo o linaje serán los humanos editados genéticamente en factorías y laboratorios de producción de vida humana. Las técnicas como el CRISPR Cas9 u otras más eficientes serán habituales y se aplicarán de manera sistemática para producir vida, tanto terrestre como, quizá, extraterrestre, cuando se creen las primeras colonias fuera de nuestro planeta.

Es probable que se trate de criaturas modificadas y preparadas para sobrevivir en otros ambientes, incluso cambiando el metabolismo basal para que sean adaptables a temperaturas, gravedad y respiración diferentes de los otros grupos. Estos transhumanos dispondrán ya, por su forma particular de adaptación, de mecanismos de conciencia muy distintos a los nuestros y quizá hasta de formas de reproducción basadas en métodos conocidos ya en la actualidad, como la clonación.

Otro grupo, el cuarto, que constituirá un linaje distinto, serán los cíborgs. Especímenes artificiales construidos, gracias a la biomecatrónica, con diferentes materiales, tanto orgánicos como inorgánicos, susceptibles de adaptarse a situaciones con fuertes contrastes. En ese caso se trataría de paraespecies que, aunque son de factura humana, podríamos llamar humanoides, puesto que son estructuras artificiales distintas a los otros grupos que ya hemos enumerado.

Aparte de estos grupos o linajes más o menos específicos, se podría plantear la existencia de híbridos producidos tanto por cruce sexual como por otros procedimientos experimentales, algo que generará una transhumanidad con una gran variabilidad adaptativa, probablemente nunca conocida en nuestro linaje ni estirpe.

Una visión que siempre me ha parecido genial ha sido la escena de la cantina en *La guerra de las galaxias*, dirigida por George Lucas, en la que distintos organismos vivos e inteligentes comparten conversación y copas. Una visión sorprendente para una especie humana única como la nuestra que todavía ahora discrimina por el color de la piel o por la riqueza o cultura que poseemos. Deberíamos reflexionar sobre nuestra propuesta para ser conscientes de las posibilidades que se nos abren para configurar un proyecto con un gran futuro.

Mientras avanzamos hacia la utopía, debemos seguir pensando en nuestros comportamientos primates para que retrospectiva y prospectivamente veamos la importancia de un comportamiento humanizado, incluso antes de alcanzar esa diversidad que proponemos. A nuestros deseos y a nuestra voluntad de resistir como especie se les plantean horizontes complejos, llenos de dudas, pero también de esperanza. La incertidumbre ilumina el progreso consciente. Con este principio debemos imaginar nuestra propuesta.

Lo que decimos se halla inscrito en el debate de la sustitución de los valores por la conciencia que la humanidad ha construido de manera continuada hasta llegar a la actual conciencia crítica de la especie, por desgracia todavía no socializada.

En cualquier caso, y como ya hemos comentado a raíz de la extinción, la biodiversidad humana nos puede salvar. Y eso será así hasta que, en un futuro, cuando sea necesario, seamos capaces de integrar esa diversidad. Y si no es necesario, mejor que sigamos viviendo con especímenes de otros linajes pero básicamente humanos. Aunque quizá no habrá nada de eso, tal como afirmaba el maestro Omar Khayyam, hace casi mil años, en uno de sus *Rubaiyat*:

Ay, cuando ya no estemos, el mundo seguirá existiendo,
Y no quedará de nosotros ni el nombre ni el rastro.
Antes, cuando no estábamos, no había desorden;
Después, cuando no estemos, todo seguirá igual.

Esperemos que por ahora no sea así. Lo que comentamos parece ciencia ficción, pero con una alta probabilidad se puede acercar a nuestra realidad evolutiva si no nos extinguimos antes. Debemos pensar en la diversidad como una oportunidad evolutiva del presente, para que sea una forma cultural de aplicación crítica de la tecnología y la biotecnología.

Si queremos o pensamos diseñar nuestro futuro, debemos empezar a discutir en el presente sobre qué somos y qué queremos ser. Solo la imaginación dialéctica y nuestra creatividad sometida a la crítica social pueden asegurar que seremos capaces de metabolizar esos cambios que probablemente rompan el contínuum de la evolución humana, tal como hemos repetido en estas páginas. La moral y la ética deben entenderse en el marco de la conciencia crítica planetaria y no como una formulación filosófica caduca.

Justo en estas discontinuidades nos podemos humanizar de manera acelerada y conseguir que nuestra lógica nos haga progresar de manera adecuada para encontrar nuestra posición en el universo. Más adelante hablaremos de algunas cosas que pueden ser fundamentales en la adaptación de toda esa variabilidad en los diferentes espacios que colonizamos.

Parece obvio que la inteligencia operativa, así como la consecuencia social evolutiva y la conciencia operativa de los distintos linajes, nos ayudarán a diseñar formas de adaptación con distintas adquisiciones que harán que tengamos diferentes puntos de vista, conocimientos y estructuras sociales específicos, pero siempre humanos, ya que partimos de la misma realidad. Aun así, cuando se dé esa situación, las múltiples formas de conciencia de los diversos organismos pueden ser el fundamento de otro orden humano más complejo y, por descontado, más avanzado del que disfruta ahora nuestra especie.

A las alopatías, que son la consecuencia de la distancia entre habitáculos, de aislamientos terrestres o extraterrestres, las pueden modificar la velocidad con la que enviamos información y otras formas de comunicación que ahora no somos capaces de entender y, menos aún, de diseñar.

6

EVOLUCIÓN TÉCNICA
Y TECNOLOGÍA FUTURA

No sé si se debe a que me he dedicado toda la vida a estudiar las herramientas que nos han hecho humanos —es decir, cómo la inteligencia operativa se manifiesta precisamente con la construcción de códigos morfológicos—, pero siento una pasión especial por estudiar y entender de qué manera la evolución técnica, primero, y la tecnología, después, han sido capaces de incrementar de manera exponencial la sociabilidad de los homininos. Desde esta perspectiva evolutiva, me interesa prever qué pasará con esta propiedad humana de transformación y adecuación de materiales, tanto en el futuro como en el futuro de los futuros.

En *Teoría de la evolución social humana*, obra publicada recientemente con Igor Parra, desarrollamos un instrumento llamado *teknoma* que debe permitirnos cuantificar el grado de desarrollo tecnológico de la humanidad para entender la complejidad evolutiva de esa categoría, así como de la adquisición por parte de los humanos.

Centrarse en este aspecto es importante para encontrar claves que nos señalen el recorrido que hemos hecho para aumentar nuestra sociabilidad, que ha permitido dar saltos brutales en el conocimiento y la transformación de nuestro entorno y de nosotros mismos. Han tenido que sucederse miles de generaciones de humanos para poder apalancar las herramientas como manera de inter-mediación entre nosotros y también entre nosotros y la naturaleza.

La perseverancia ha logrado mejorar de manera conti-nuada la eficiencia y la eficacia de las herramientas; en ese sentido, los métodos y las técnicas para producirlos han sido fundamentales. No ha sido un crecimiento li-neal; ha habido momentos de estabilidad estructural, lar-gos tiempos sin innovación y momentos de aceleración, revoluciones técnicas que han permitido hacer saltos de eficiencia que han cambiado la manera de obtención de los alimentos, incrementando la capacidad humana para con-seguir más y mejores proteínas.

La técnica y la tecnología son solo posibles en el mar-co de una socialización y resocialización constante de nuestra humanidad o, mejor dicho, sin este proceso téc-nico y tecnológico, nuestra humanidad sería absoluta-mente diferente. Antes de lanzar grandes afirmaciones sobre su importancia en la humanización del ser huma-no, así como la que tendrá en el futuro y el futuro de los futuros para la transhumanización y la poshumaniza-ción, quiero empezar a llamar la atención de la impor-tancia que la técnica y la tecnología tienen en nuestro día a día. Me refiero a nuestra civilización contemporánea.

La mayoría de los humanos que formamos parte de la revolución científica y tecnológica, cuando nos levanta-mos por la mañana, después de que suene el despertador —por supuesto, una aplicación del teléfono móvil (por cierto, un prodigio de la tecnología, una aplicación inte-ligente de las leyes de la física)—, nos damos cuenta de que empieza un nuevo día regido por la técnica y la tecnología. Acto seguido, de manera inconsciente, encendemos la luz, un experimento y una concreción de Benjamin Franklin de 1752 (qué maravilla la electricidad, producida con carbón, gas, petróleo, energía fotovoltaica, saltos de agua, energía eólica o nuclear).

Los que no vemos bien (por desgracia, algo común hacia los cuarenta y cinco años y global a los cincuenta, como resultado de que nuestro cristalino no regula la luz de manera eficiente, la llamada presbicia), nos ponemos las gafas, una maravilla de la óptica. Nos dirigimos a la ducha, con agua caliente (los calentadores de gas o eléctricos, otro pequeño prodigio de la aplicación de las leyes de la termodinámica). Salimos y nos lavamos los dientes, tal vez con un cepillo eléctrico, que llega a todas las partes de la boca, a nuestras encías y dentición de forma precisa. Los afortunados que tienen pelo se peinan con un objeto técnico del Neolítico, inventado hace más de diez mil años, el peine. Puede que afeitarse también se haga con una máquina de afeitar eléctrica, yo ya no, lo hago con una maquinilla de un solo uso. Otra maravilla, la hoja de acero, una aleación que se fabrica a partir de un material muy reconocido por todos: el hierro, más un once por ciento de cromo (del que emerge el acero inoxidable).

Ya estamos listos para desayunar: cogemos la leche del frigorífico (otra maravilla termodinámica) y metemos el vaso en el microondas para calentarla (qué diré de este aparato: una radiación de unos dos mil quinientos megahercios hace vibrar las moléculas calentando el líquido desde la parte interna a la parte externa). Tomamos la leche en un vaso de cristal (¡qué efectivo es el silicio calentado y enfriado para hacer distintos contenedores!) y nos vestimos con prendas de poliéster fabricadas en grandes factorías a partir de materias primas que se sintetizan química y físicamente, y que están presentes en todo el mundo; factorías que disponen de máquinas automáticas o semiautomáticas.

Yo, en concreto, salgo de casa, conecto la alarma de volumen (qué eficiencia). Me dirijo al aparcamiento, abro la puerta con el mando a distancia (estos aparatos funcionan por radiofrecuencia o enviando pulsos de infrarrojos), me subo al coche, también activado por un mando igual o parecido al que he utilizado para llegar hasta aquí. Es un vehículo que ha sido fabricado, en su mayoría, por brazos robóticos, programados con algoritmos de distintos tipos. Activo el GPS porque tengo una cita en un sitio que no recuerdo y no quiero preguntar. A continuación, escojo un canal de música de la radio y me dispongo a escuchar mientras conduzco, algo que en el futuro, como ya pronosticó Paul Virilio, no será necesario, ya que estos artefactos serán autónomos y se moverán guiados por inteligencia artificial.

No seguiré, no quisiera cansar al lector con una lista interminable de operaciones técnicas, la mayoría inconscientes, pero sí que apunto el hecho de que solo hemos llegado a la primera hora de la mañana y que todavía nos quedaría todo el ciclo de trabajo y la vuelta a casa. El caso es que casi todas estas acciones humanas están curiosamente relacionadas con la técnica o con la tecnología y, por supuesto, con la ciencia. Supongo que todos habrán entendido lo que estoy relatando: aún no he llegado al trabajo y estoy rodeado de técnica y tecnología. Es un hecho innegable y que explica al ser humano en un contexto evolutivo.

Vista la secuencia, el lector puede memorizar y anotar en el teléfono cuántos episodios técnicos y tecnológicos lleva a cabo a diario y multiplicarlos por los días del año. Así se dará cuenta de la importancia que tienen los artefactos para adaptarnos a la vida doméstica y social. Sin ellos, nuestra vida sería imposible o inimaginable. Se trata de procesos irreversibles que nos impulsan hacia el futuro de la especie y al futuro del futuro de las especies.

Es probable que cuando el lector lea o relea la secuencia de acontecimientos se quede sorprendido de hasta qué punto la técnica y la tecnología nos han hecho humanos, y nos seguirán humanizando. Es algo que no debemos perder de vista si no queremos ignorar lo que nos hace como somos, es decir, humanos todavía en proceso de transhumanización.

Cuando buscamos rasgos esenciales del ser o los seres humanos del futuro, solemos pensar en la tecnología como forma de adaptación evolutiva. Cuando pensamos en posibles viajes a nuestro Sistema Solar y, en el futuro, viajes interestelares, imaginamos artefactos que viajan a la velocidad de la luz o más rápido, hablamos de estructuras que se desplazan de un planeta a otro en tiempos ridículos, comparados con nuestras máquinas de primera generación espacial, impulsadas por cohetes primero y, después, por los satélites que dan la continuidad a la misión de reconocimiento y el análisis de la realidad estructural que nos rodea fuera de nuestro planeta.

Eso pasa porque aún hablamos con conceptos de la recién llegada revolución científica y técnica o tecnológica. La transhumanidad y la poshumanidad se moverán con otros conceptos, en los que la forma de entender la materia y la energía que tenemos hoy en día será, en la práctica, obsoleta. De la misma manera que la teoría de la relatividad hizo que se superasen las leyes fundamentales del universo propuestas por Newton, las nuevas teorías emergentes harán, probablemente, que pase lo mismo con la teoría de la relatividad. Agujeros negros, materia y antimateria o energía oscura estarán en los estándares de nuestro conocimiento como, en el pasado, lo estuvieron otras situaciones y propiedades de la materia y la energía que parecían inconmensurables y pura ciencia ficción.

Cuando salimos de la comodidad de las leyes y el funcionamiento de nuestro sistema, el sistema Tierra, debemos adaptarnos, y para hacerlo no hay otra manera que construir periféricos que nos conserven y nos permitan sobrevivir en un ambiente hostil. Eso solo se puede hacer construyendo estructuras exosomáticas que cubran necesidades vitales mientras estemos en ambientes con unas condiciones distintas de las que nos han generado como humanos. Esa es la solución que, hasta ahora, cuando estamos fuera del planeta, hemos utilizado los humanos, convertidos en astronautas.

Pero cuando nuestros conocimientos científico-tecnológicos prosperen más, habrá otras maneras de adaptarnos. Hablamos de la modificación endosomática, es decir, la modificación de nuestro funcionamiento fisiológico. Asimismo, tanto una forma de adaptación como la otra están ligadas a la evolución tecnológica y biotecnológica.

La humanidad transhumana y diversa del futuro no estará encuadrada en esta realidad de la evolución basada fundamentalmente en la selección natural. Ese tipo de evolución pasará a la historia, puesto que la selección artificial mediante nuevos materiales y mutaciones inducidas generarán un espectro de vida desconocido hoy en día en nuestro sistema. Los sistemas de adaptación y a la vez exoadaptación tendrán otros mecanismos ligados a nuestro progreso científico tecnológico, y no solo en la evolución natural y de nuestro entorno. Es decir, habrá selección funcional y tecnocultural.

La tecnología y biotecnología del futuro y su aplicación sistemática y socializada serán responsables de la ruptura del contínuum que nosotros, a inicios del siglo XXI, todavía hemos vivido como especie natural única. El futuro de la especie humana (o especies humanas) dependerá de cómo seamos capaces de transferir e implantar los conocimientos emergentes y emergidos de la humanidad en la transhumanidad y, después, siguiendo la secuencia, a la poshumanidad.

Al prospectarlo, abrimos a los humanos a su futuro. Este es un ejercicio de difícil comprensión cuando todavía nos movemos en entornos poco socializados por lo que respecta a la biotecnología o, yo diría, débilmente socializados por la tecnología. Hay que tener en cuenta que hace muy poco tiempo de un suceso fundamental: el inicio de la socialización de la Revolución Industrial. Hablamos de hace menos de doscientos cincuenta años. Y aún hace menos del inicio de la revolución científica y técnica, unos treinta años atrás. Y hoy, mientras nos planteamos cómo hacer viajes fuera de la Tierra de manera normalizada, ya falta poco para volver a la Luna o para ir a Marte.

Debemos plantearnos de qué manera la modificación endo y exosomática marcará el devenir y cómo queremos que lo marque. Cómo nos vemos los humanos y cómo nos tenemos que ver en el futuro y, evidentemente, cómo debe construirse la humanidad. Debemos plantearlo ahora, antes de que pase, puesto que, cuando suceda, es probable que ya no haya marcha atrás y sea tarde para esta reflexión y la consiguiente toma de decisiones transestratégicas.

El incremento de la sociabilidad y del conocimiento científico ha hecho posible la transformación de quimeras en utopías realizables, eso nuestra especie ya lo ha vivido. Hemos leído a Julio Verne y su viaje a la Luna, y nuestra generación ha visto cómo una nave alunizaba en nuestro satélite. Cuando pasó, aún teníamos en la retina las imágenes mudas de los hermanos Lumière con el cohete incrustado en el ojo de la Luna humanizada.

Eso no es una afirmación literaria, ni un ejercicio retórico, sino una constatación empírica que nos ha llevado a una forma de imaginación ilimitada sobre nuestro futuro, un futuro que posibilitará, con la aceleración histórica, ver escenarios hoy inimaginables.

Lo que era ficción se convirtió en realidad en unas decenas de años, las imágenes se superponen, y todas tienen un mismo origen: la capacidad humana de convertir sueños en realidad. Todo este relato se sostiene empíricamente en los sueños de nuestra evolución, ahora convertidos en vectores cósmicos como consecuencia de nuestro progreso acelerado basado en el conocimiento empírico pero, también, en el pensamiento práctico a través de nuestra conciencia crítica de la especie, una conciencia operativa de una potencialidad desconocida cuando se socialice en el marco de la emergencia de la conciencia cósmica.

Los procesos de simultaneidad y de convergencia serán exponenciales, y probablemente los crecimientos cognitivos obedecerán a la ley de Moore. Eso quiere decir que se podrá duplicar la capacidad de conocimiento cada año o dos años, del mismo modo que ha pasado con los microprocesadores, que han aumentado la capacidad de forma exponencial. Los homininos —humanos, parahumanos o transhumanos— estaremos convertidos en vectores de imaginación, conocimiento y pensamiento: estaremos impulsados hacia formas de exo y endoadaptación desconocidas.

Sin embargo, la cuestión seminal que debemos plantearnos es cómo los humanos hemos llegado hasta aquí. Parece convincente que todo empezó en el pasado, a través de una serie de adquisiciones que al principio fueron elementales, por ejemplo, golpear una piedra contra otra para obtener un borde cortante (un diedro), una forma geométrica elemental mediante la que, en palabras de René Thom, tomadas de su obra *Estabilidad estructural y morfogénesis*, se pudieron generar catástrofes sobre tejidos animales y vegetales para aprovecharlos como alimento.

De ese modo se inició la secuencia de acontecimientos que llevarían a nuestro género a descubrir la técnica, primero, y la ciencia y la tecnología, después, que convertirían a nuestro grupo zoológico en una singularidad evolutiva tras centenares de miles de años de experimentación contrastada.

¿Cuándo sucedió por primera vez? Cuando un hominino fue capaz de generar un código morfológico. Me refiero a una herramienta de piedra con la que haría *historia primate diferenciada*. En concreto, fue hace 3,3 millones de años, en una localidad situada en Kenia, en África centro-oriental, llamada Lomekwi, en el lago Turkana, según se publicó en la revista *Nature* en 2015, en un estudio de un equipo de investigadores liderado por la colega Sonia Harmand y Jason Lewis, de la Universidad de Stony Brook, en Estados Unidos.

Ha sido sorprendente cómo ha retrocedido en el tiempo el reconocimiento de la emergencia de la inteligencia operativa de los homininos. A comienzos de los años setenta, cuando estudiaba en la universidad, los yacimientos de Olduvai, en Tanzania, excavados por los esposos Leakey y su equipo, aún eran los más antiguos conocidos con humanos y utensilios asociados, y no llegaban a los dos millones de años de antigüedad.

Ahora tenemos datos contrastados que nos dicen que más de un millón de años antes ya se producían herramientas con arreglo a un esquema operativo susceptible de repetirse de manera continuada y planificada con la intención de poder hacer cortes. Es interesante saber que, una vez descubierto el proceso de secuenciación intencional de materiales, este ya no se detuvo. Podríamos decir que el tiempo nos impulsó a no abandonar algo que sería fundamental para sobrevivir en entornos difíciles. Un aprendizaje que una vez socializado tuvo un impacto fundamental en nuestra conversión en humanos. Sin el elemental esquema de construcción secuencial, no habrían sido posibles ninguno de los artefactos que utilizamos ahora para trabajar o movernos.

Los procesos secuenciales en la emergencia de la técnica fueron fundamentales. Como se han conservado los productos de esta actividad, los especialistas en tecnología prehistórica han podido repetir estos procesos centenares de miles de años después; yo mismo me he dedicado a esta interesante tarea. La reproducción de procesos nos ayuda a entender cómo la complejidad neuromotora ha ido construyendo los modelos secuenciales por los que, ahora mismo, nos regimos los humanos para producir objetos.

Para comprenderlos, debemos empezar por el principio y de manera analítica. Estas secuencias se basan en una estrategia que se compone de tres o cuatro operaciones básicas. En primer lugar, la que realizamos con los ojos, a través de una mirada que nos permite escrutar el medio y ver de qué materia disponemos. Después seleccionamos con la mano la materia escogida, de modo que interactuamos con ella. Ese es el primer sistema operativo. Más tarde hacemos lo mismo para escoger la roca que nos servirá para percutir y dar la forma a la roca elegida; ese será el segundo sistema operativo. El tercero será buscar el lugar que se golpea y hacerlo para inicializar la secuencia de producción de códigos morfológicos o herramientas. El inicio de la secuenciación es al fin y al cabo el proceso operativo que, como veremos más adelante, todavía hoy es la base de producción manufacturera.

Puede que, sin darse cuenta, esos homininos arcaicos grabaran de forma intencional un circuito sobre un material, construyendo el primer equipo físico y *software* de la humanidad. Introdujeron en el sistema Tierra una forma de codificación a través de las secuencias operativas que sería básica para desarrollar nuestra capacidad neuromecánica y que nos ayudaría a aumentar de forma exponencial nuestra capacidad de intervención en el medio natural. Sencillos chips de memoria que codificaban una realidad cambiante con la adopción de mecanismos de memoria exosomática por parte de un primate.

Al mismo tiempo que se estaba codificando la realidad de la condición humana en construcción a través de la tecnología, utilizando para hacerlo un material duro y codificante o imprimiendo sobre un circuito, a la vez y de forma consciente, eso les servía a nuestros antepasados para conseguir adquirir energía de nuestro entorno de forma más fácil. No eran conscientes del mensaje que nos dejaban, y que no es otro que habían emprendido el viaje hacia la conciencia operativa y que, a partir de ese momento, ya nada sería igual en el planeta. Se iniciaba el largo camino hacia la inteligencia socializada y, como consecuencia, hacia la hominización y humanización del sistema Tierra.

Es probable que la inteligencia operativa generara la primera discontinuidad evolutiva o «clausura operativa», tal como la denominamos en *Teoría de la evolución social humana*. Es una emergencia muy contingente sin la que no es posible entender la forma de conciencia operativa actual. Pero ¿en qué consiste esta emergencia del conocimiento técnico planificado? Esa es una cuestión que hay que explicar.

En el reino animal hay muchos géneros y especies, tanto vertebradas como invertebradas, que utilizan cuerpos extraños para poder desarrollar distintas funciones encaminadas a su preproducción. Por lo general, se trata de objetos que se emplean de forma directa, recolectados del entorno más cercano y sin modificación.

Los más cercanos a nuestra familia, como los chimpancés, utilizan todo tipo de ramas y palos para la extracción de termitas; yo mismo he podido comprobar la existencia de estas herramientas cuando, en los años ochenta, el colega Jordi Sabater i Pi las trajo a nuestro país como producto de su actividad de campo. Palos cortados con la boca y las manos y de distintas medidas para operaciones alimentarias. La publicación de los descubrimientos de Sabater i Pi en *Nature* en 1969 modificó la manera de entender la construcción de herramientas por parte de los primates. Él mismo lo explicó magníficamente en el libro *El chimpancé y los orígenes de la cultura*. Jane Goodall, la conocida primatóloga, documentó el uso de ramitas para actividades alimentarias en el Parque Nacional de Gombe, reserva localizada en Tanzania, en África Oriental. He podido discutir con ambos la importancia de la fabricación de objetos por parte de primates.

También está documentada la utilización de yunques y piedras para partir frutos con cáscara dura por golpeo o, como se ha observado recientemente, golpear tortugas para romperles el caparazón y poder comérselas. Del mismo modo, se ha podido registrar cómo, con la acción de golpeo, a veces se producen de forma accidental fragmentos cortantes de las rocas. Y, en muchos casos, estas lascas accidentales tienen una morfología parecida a las de las secuencias líticas de nuestros antepasados humanos.

Otro ejemplo es el de las nutrias marinas (*Enhydra lutris*), que utilizan el cuerpo para romper el caparazón de los crustáceos, golpeando encima para poder comérselos.

En cuanto a las aves, podemos ilustrar el uso de material exterior o herramientas para operaciones alimentarias con el pinzón de Darwin (*Cactospiza pallida*). Estas aves emplean palillos y espinas de los cantos para ensartar el alimento y acercárselo al pico y, de ese modo, disponer de él.

Asimismo, existe un tipo de cuervo, la grajilla o *Corvus monedula*, al que se le conocen capacidades importantes en secuencias operativas, como acceder con un alambre en el pico al interior de un contenedor para obtener alimento. Se trata de una operación que necesita una planificación visual pero también de tipo mecánico y que, sin duda, es secuencial y requiere preparación. Eso quiere decir que han aprendido por ensayo y error, tal como lo hace la naturaleza, pero también que la ciencia forma parte del compendio evolutivo que nos atañe a todos. ¿Por qué deberíamos ser diferentes en términos estructurales? Esa es la cuestión.

Me planteo cómo ha sido posible que, en el pasado, la observación no nos haya llevado antes a reconocer la inteligencia animal y que, por tanto, hayamos pensado que la inteligencia era una propiedad únicamente humana. Solo se puede explicar por un antropocentrismo ciego y de tipo metafísico.

Al parecer, el uso de estrategias elementales exosomáticas es una constante evolutiva en los animales generados en el sistema Tierra. Los estudios de tipo etológico enfocados con base cultural a partir de los años sesenta fueron fundamentales para determinar que la inteligencia operativa no era solo una capacidad de los primates humanos, sino que además era compartida por muchas especies. Eso hizo cambiar la idea humana trascendente de la singularidad de nuestro género. Aun así, y lo he repetido en todos mis trabajos sobre el tema, los humanos somos el único género en el que todas las especies han utilizado la técnica para adaptarse.

Gracias a la innovación continuada, nuestro género dio por primera vez un salto mortal que lo condujo a efectuar tareas que antes parecían imposibles de llevar a cabo por un organismo vivo. Como dice Ray Kurzweil: «La innovación no es aditiva, sino multiplicativa. La tecnología, como cualquier otro proceso evolutivo, construye sobre sí misma. Este aspecto seguirá acelerándose cuando la tecnología asuma por sí misma el pleno control del progreso».

No somos una especie escogida. Ahora bien, ¿por qué nuestra singularidad es tan perseverante? Precisamente, en primer lugar, nuestro género, *Homo*, produjo desconcierto en el orden natural al introducir la técnica, generando una entropía constante en el sistema biológico hasta alcanzar la tecnología como forma de disrupción evolutiva que nos llevará a un orden nuevo y propio. Antes, desorden; después, orden. Un intento humano de generar homeostasis en su propia construcción, es decir, encontrar equilibrio para que no tengamos un desgaste constante por conservarnos como especie. Así, la inteligencia operativa compleja ha sido un mecanismo eficaz para contribuir a mantener la energía.

Respecto al uso de estas técnicas, si bien no es sistemático en todos los linajes de animales que las llevan a cabo, vemos en nuestro género que no hay ninguna especie humana que no se haya servido de la técnica de la piedra cortada para sobrevivir, desde el *Homo habilis* hasta el *Homo sapiens*. La producción de nuevas morfologías artificiales por golpeo ha sido general y sistemática en la evolución de nuestra humanidad desde su emergencia en el continente africano, hace más de tres millones de años, hasta la actualidad. Estamos hablando, por tanto, de algo contingente y que nos ha dado especificidad como género. No hay ninguna otra especie en nuestro orden que haya sido tan contingente como nosotros en la producción de herramientas para transformar el entorno.

La técnica de golpeo es fundamental para producir herraje. Una secuencia de producción que en los homininos empieza, como ya hemos explicado, por una selección de materiales orgánicos o inorgánicos. Más adelante, se somete a las rocas a una cadena de operaciones llamada *secuencia operativa*, por la que reducen el volumen inicial y generan objetos de primera y segunda generación que se caracterizan por tener diedros, triedros y pirámides en los cantos. Con la obtención de estas geometrías se avanza hacia estructuras y elementos capaces de generar grandes desequilibrios.

Para llevar a cabo estas operaciones hay que tener conocimientos experimentados en la selección de materiales y ángulos de percusión, así como movimientos sincronizados de las manos de los homininos que las ejecutan. La repetición organizada de los gestos, que combinan visión, planificación y acción, es constitutiva de nuestra inteligencia operativa y pasa a formar parte de nuestro caudal cultural, de la misma manera que las vocalizaciones y el lenguaje.

El resultado del primer momento del inicio de la inteligencia operativa son herramientas con hojas de corte muy rudimentarias, pero con las que ya se pueden llevar a cabo una serie de funciones limitadas. Aun así, son herramientas de gran valor, puesto que permiten acelerar el procesamiento y la obtención de los alimentos. A estas herramientas de cadena operativa corta, los arqueólogos las llamamos, en nuestro argot, *modo 1*. Antes las denominábamos *olduvayenses*, ya que las encontró por primera vez el matrimonio Leakey, en Tanzania, en los años cincuenta.

Durante más de un millón de años, los antepasados de nuestro género y posiblemente de otros cercanos no evolucionaron demasiado y se mantuvieron en una cierta estasis técnica por lo que respecta a la producción de herramientas de piedra. Fue necesaria una práctica redundante en el tiempo para que esos procesos fuesen irreversibles.

Hace casi dos millones de años la situación cambia rápidamente y empiezan las cadenas de producción largas, las llamadas *cadenas operativas complejas*. Las herramientas de segunda generación van apareciendo en el registro, así como el incremento de morfologías equilibradas. Así emergen los morfotipos como el bifaz, cortado por dos caras y simétrico; el pico, los hendedores y herramientas de pequeño formato, como los denticulados o los rascadores, por ejemplo. Estas tecnologías se llamarán *modo 2*.

En efecto, un trabajo masivo de golpeo sobre la periferia de una roca de manera que afectaba a las dos caras posibilitaba confeccionar un circuito complejo donde se asociaban formas (diédricas, triédricas o piramidales), que servían para intervenir tejidos animales, vegetales o inorgánicos, funciones dedicadas a tareas de obtención de alimento. Además, estos artefactos inician la adquisición de la simetría bilateral humana. Es probable que se entre así en consonancia con nuestra propia morfología. Y es así como la simetría constituye un eje evolutivo y de progreso que pasará más tarde al arte, la escritura y todas las manifestaciones de la humanidad.

De esta manera emergerá más complejidad. En los modos 3 y 4, con la preparación sistemática de superficies en las materias primas seleccionadas y la producción en serie de muchos estándares operativos se produce una revolución en los métodos de reducción. Sobre todo, en el modo 4, con la producción de láminas finas y delgadas. Y es así hasta que en la Edad de Piedra —tal como se la ha denominado vulgarmente— desaparece, hace unos ocho mil años.

Me he extendido en este asunto, puesto que la confección de herramientas o códigos informativos —tal como me gusta llamarlos— se basa en un proceso de planificación bastante complejo, en el que el conocimiento geográfico, geológico y mecánico es muy útil para completar las herramientas con éxito.

Es muy probable que las cadenas operativas que describimos, y por eso lo hacemos, sean el inicio de lo que serán las manufacturas industriales actuales. Para explicarlo podríamos poner como ejemplo la fabricación de los coches. Con la diferencia de que, en comparación con una cadena operativa primigenia, para construir una herramienta preparada para el movimiento como un coche se necesita acoplar muchos elementos. Pero incluso esa acción ya la conocían y desarrollaban nuestros antepasados de la prehistoria.

Ensamblar distintos elementos se hacía ya en el Paleolítico, hace miles de años. Tenemos pruebas de enmangues de herramientas de piedra y hueso, que al menos necesitan tres décadas operativas y, por último, el ensamblaje. Estas cadenas son la producción de la morfología tanto del objeto por intervenir como del mango, así como del material para unir los dos elementos.

En este proceso de evolución de las cadenas operativas, con la revolución científica y tecnológica actual, se alcanza un nivel de complejidad exponencial en el momento en el que o bien los robots sustituyen a los humanos en muchas partes de la cadena operativa, o bien los humanos se complementan con los robots. En el mismo sentido, también vemos el uso de exoesqueletos que facilitan la tarea de los operarios humanos.

De esta cuestión también tenemos que hablar y reflexionar, ya que, si volvemos al hecho de si nuestro género es el único que fabrica herramientas de forma intencionada, hay que convenir que la discusión sigue, y la diferencia entre lo humano y lo no humano se ha establecido en el ámbito técnico. Para ello se ha tomado como base el hecho de que los humanos son los únicos capaces de hacer herramientas con otras herramientas. En el caso de otros animales, vemos como los palos que utilizan como herramientas los suelen transformar con la boca.

Este es un enunciado muy interesante y que nos sirve para explicar y entender el origen de una cadena de producción, tal como hemos mencionado con anterioridad. Ahora hay robots que pueden considerarse una herramienta compleja que nos sirve para construir otra herramienta, igual o más compleja, como un coche, por poner el ejemplo que todos tenemos en la cabeza.

Quizá hayamos necesitado centenares de miles de años y un gran aumento del conocimiento de las leyes de la naturaleza para hacer este salto prodigioso, pero seguramente esta experiencia básica de fabricar una herramienta con otra hace ya centenares de años que está en nuestro cerebro. Vemos que los conceptos son los mismos, pero hay algo que lo cambia todo: la tecnología y la emergencia de los artefactos complejos.

Se trata de un cambio de fase entre una cadena operativa corta o larga y una cadena de montaje más allá de los procesos de manufactura. La cuestión es hacia dónde nos dirigiremos en el futuro. Claro que con la impresión en 3D y, en el futuro, con la estampación entraremos en un mundo diferente al de las cadenas y secuenciaciones, ya sean simples o complejas. El 4D y el 5D, los ordenadores cuánticos, la inteligencia artificial generativa y creativa serán tecnologías que, junto con la biotecnología, nos llevarán al ámbito de lo que puede ser inconmensurable en nuestra evolución.

Como ya estamos viendo, la tecnología y la biotecnología generarán intersecciones de tipo múltiple que aparecen ya con la impresión de órganos o los biobots. Y todo gobernado por la IAG y todo tipo de artefactos que nos sirven para poder seguir evolucionando a través del aumento de complejidad en las relaciones con nuestro entorno y con nosotros mismos. La capacidad de simular, de prever y de modelar en tiempos sincrónicos ha llegado ya, y aún no estamos en tiempos de transhumanos.

Puede que en el futuro y en el futuro del futuro lleguemos a la producción para estampación no solo de materiales inorgánicos, sino también de materiales orgánicos. Es decir, un sistema para copiar y editar animales que tendrán vida. Quizá, como nos hemos repetido muchas veces, lo que planteamos ahora mismo sea una quimera, pero en el futuro no lo será.

Este es un camino al que seguramente nos llevarán la teleonomía y la lógica que hemos construido en tanto que humanos. No se trata, por tanto, de un sinsentido que ponga en peligro el futuro de la humanidad, sino que completará evolutivamente el camino que hemos hecho.

El desarrollo de las tecnologías digitales, la realidad virtual, la impresión y la edición genética combinadas nos pueden proporcionar un horizonte de artefactos y de seres vivos inconmensurable.

Debemos convertir nuestro conocimiento en un acto de pensar y decidir socialmente. Con el conocimiento no basta: despojado de pensamiento crítico, solo puede servirnos como realización espuria de nuestra humanidad, es decir, no es válido para una humanización completa de nuestra especie en el presente y la preparación para la transhumanización.

En la medida en que las teorías suministren capacidades de diseño y de obtención de nuevos materiales —la nanotecnología es un ejemplo de ello—, nuestro entorno también cambiará, de manera que nuestros entornos artificiales, tanto materiales como virtuales, generarán paisajes de pensamiento íntimamente relacionados con las posibilidades que nos faciliten las tecnologías científicas y sus aplicaciones.

Desde los balbuceos en el inicio de la técnica hace más de tres millones de años hasta la socialización de la ciencia y la tecnología, experimentamos un contínuum evolutivo hacia la ruptura de nuestra singularidad, o hacia la singularidad consciente de la transhumanidad. Un viaje de alto riesgo, pero esperanzador para la supervivencia de lo que es humano.

En la actualidad se está cumpliendo el hecho de que el presente ya es el futuro de un nuevo ciclo, como decía hace veinte años Ray Kurzweil en su libro *La era de las máquinas espirituales*: «El próximo hito será la tecnología, que creará una generación siguiente sin la intervención humana».

Esto está empezando, todavía no ha llegado, pero está muy cerca y será socializado rápidamente. A mi entender, el próximo hito en la evolución de la humanidad será la tecnología, que tendrá como formas de socialización unas conciencias diversas. Estará concebida para distintas especies o para especies artificiales naturales o híbridas, tal como hemos planteado con anterioridad en *El Homo ex novo*, publicado hace poco.

La tecnología y la biotecnología serán la estrategia humana que nos llevará a la transhumanidad. Tal como me gusta decir, estamos impulsados hacia eso, es un camino trazado por nosotros mismos y por nuestra capacidad de anticiparnos, en tanto que humanos, a lo que todavía no ha pasado. Nuestro cerebro se anticipa a acciones inmediatas, pero también mediatas. La mente nos ayuda, a través de la imaginación, a comprender lo que haremos, además de lo que ya hemos hecho. Los artefactos que habremos programado, pero que después se autoprogramarán, anunciarán esta nueva época de mejora de la humanidad.

Lo que no sabemos es qué sucederá en el diálogo intra o extraespecífico de los actores que vienen con toda la información del pasado y del presente pero cuyos referentes todavía deben construirse. Son actores que solo están en nuestra imaginación de recién llegados en la sociedad de la tecnología y del pensamiento.

La sociedad del conocimiento ha puesto sobre la mesa la jugada maestra de la tecnología y la biotecnología, nuestros descendientes directos o indirectos artificiales o naturales pondrán las nuevas capacidades gracias a su diversidad y las conciencias operativas se apropiarán del futuro. Un futuro que será a la vez presente y plantel de información para seguir rompiendo el contínuum de nuestra historia.

La idea de continuidad discontinua es la idea de la progresión continuada bien entendida. Ya no vale la progresión lineal a la que se nos ha acostumbrado académicamente. Ese tipo de progresión se basa en una falsa base teleonómica, pero no tiene validez en el espacio contingente de la creación y la emergencia de tipo humano.

Así, por último, las construcciones humanas se humanizarán a través de las construcciones humanas autónomas, concebidas para dar apoyo y complementar nuestra estructura y nuestros sistemas.

7

LA APARICIÓN DE LA CONCIENCIA Y LAS CONCIENCIAS QUE VIENEN

Cuando hablamos de conceptos como el que ahora queremos desarrollar, siempre tropezamos con la misma piedra: saber exactamente de qué queremos hablar. Lo intuimos, pero, en realidad, nadie sabe con certeza qué describe, aunque pueda parecerlo. Como no tenemos ninguna seguridad de qué es la conciencia, trabajamos por aproximación, es decir, tratando de asaltar el castillo por los lugares más practicables con la finalidad de minimizar las víctimas.

Me refiero a qué vínculos tiene la conciencia con la realidad de la construcción social humana, es decir, qué lazos hacen posible la abstracción y, a la vez, la construcción del concepto. De todos modos, y lo repetiremos hasta la saciedad, lo cierto es que en los trabajos sobre metaconceptos —que, como la misma palabra expresa, están mucho más allá de la simplicidad— es necesaria la filosofía para poder bucear. Estos conceptos son como aguas pantanosas y, a veces, incluso turbias.

Un metaconcepto solo tiene capacidad explicativa a través de sus componentes, de forma que no tiene manera holística, sino constructiva. Eso no quiere decir que el término *metaconcepto* no sea adecuado como forma de explicación; todo lo contrario. Lo único que pretendemos es advertir al lector sobre la dificultad de aquello que analizamos.

Es probable que el origen y la evolución de la conciencia sean problemáticas descomunales. Yo me atrevería a calificarlas como metatemas vitales y capitales para la comprensión del fenómeno humano dentro del campo evolutivo. Eso hace que la conciencia sea un fenómeno humano universal y transversal. En ese sentido, cabe recordar los ejemplos e ilustraciones históricas, como lo que afirmaba san Agustín sobre el tiempo: «Si nadie me lo pregunta, sé lo que es, pero si tengo que contestar a quien me pregunta, ya no lo sé». Así, la conciencia se trata de un concepto que a todos nos cuesta delimitar en sí mismo, aunque, en cambio, sí tiene una explicación socializada.

Cuando hablamos del futuro, hablamos de tecnología, de inteligencia y de inteligencia artificial a la vez que lo hacemos de incremento de sociabilidad. Sin embargo, a menudo olvidamos que, sin conciencia operativa, el desarrollo humano que nos ha llevado al progreso no se comprendería. Sí, la conciencia es el concepto fundamental para construir el futuro, como lo fue la técnica, que precedió lo que más tarde llevó a la tecnología, y como lo han sido y lo serán todavía más la ciencia y la biotecnología.

Para desarrollar un proyecto de futuro humano hay que comprender cómo se ha construido nuestra conciencia. Aunque parezca una obviedad, muchas veces no empezamos a reflexionar por lo que en apariencia es esencial. Y no lo hacemos o bien por falta de criterio y formación o bien por falta de imaginación. Tenemos la costumbre de aplicar la analítica a los procesos de adaptación y, a través de esta, explicar las adquisiciones humanas sin más. Una extrapolación sin contenido y, además, sin sentido.

No se puede obviar toda la génesis de lo que nos ha convertido en humanos. No basta con un análisis psicológico ni sociológico para poder sentirnos seguros de lo que somos y lo que hacemos; debemos anclar empíricamente el futuro en nuestro pasado para estar seguros de lo que son nuestras construcciones racionales y no estar privados de sentido evolutivo, ya que, si eso es así, nuestra autocomprensión no será consistente. Anclarse empíricamente en lo que ya ha pasado no significa estar determinado por el pasado, sino estar determinados a entendernos como artefacto inteligente y consciente del mundo natural. Un artefacto no en el sentido mecánico o electrónico, sino como realidad autogenerada.

El análisis etológico y antropológico adquiere aquí, una vez más, una importancia seminal. La inteligencia y la conciencia son factores emergidos —probablemente surjan como consecuencia de la repetición y el aumento estructural de nuestros encéfalos en combinación con la acción de nuestros sentidos—, que son las interfaces que conectan con la caja negra y actúan de sensores inteligentes y teledirigidos a la vez. Una auténtica interacción y retroalimentación entre estos y el encéfalo nos asegura un comportamiento que nos mantiene vivos y nos permite conocer, pensar y, sobre todo, reflexionar acerca de nuestra evolución.

Es harto probable que nuestro colega Stephen Jay Gould tuviera razón con su teoría puntuacionista, basada en la evolución a saltos, es decir, momentos largos de estasis y otros de salto evolutivo cortos pero cualitativos.

En los periodos de mantenimiento estable del sistema se acumula información de modo que esta, en un momento determinado, se pueda utilizar para adaptarse a otras circunstancias. Esta dinámica es la que permite producir cambios en la inercia adaptativa de los primates humanos.

Pero, sobre todo, nos sirve para recuperar el concepto de conciencia como sistema de cohesión social y humanizadora que ha permitido dar sentido al humano como proyecto singular. La génesis de la construcción de nuestra conciencia es la génesis del proceso primordial que cabalga sobre la hominización en forma de humanización.

El hecho de ser consciente tiene sentido en una comunidad crítica, pero también dentro del marco de una especie consciente. Así, la conciencia de la especie se convierte en imprescindible en el presente para poder diseñar la humanidad del futuro; un diseño inteligible e inteligente que debemos generar ya, en plena socialización de la revolución científica y técnica. Solo nuestros criterios de especie y la síntesis del conocimiento y la reflexión pueden guiarnos en la construcción de la transhumanidad.

La conciencia es la forma lógica y social de la humanidad moderna, algo que en términos de Kant es la autoconciencia o, dicho de otra manera, cómo los humanos somos conscientes de nuestra conciencia. De todos modos, eso no nos ayuda a la hora de saber cómo se ha formado o cómo se ha construido, que es lo que necesitamos como prueba empírica de la existencia y evolución de esta concepción humana fundamental.

Si viajamos atrás en el tiempo, podemos empezar a inferir cómo emerge esta propiedad en nuestro género o, al menos, podemos tratar de explicitar cómo constatarlo o contrastarlo de acuerdo con los términos que acabamos de proponer: reconocimiento de uno mismo, reconocimiento del otro y capacidad de cohesión no solo a través de los comportamientos etológicos, sino también a través de la inteligencia.

Sin embargo, cuanto más atrás viajemos, posiblemente entre un millón o medio millón de años, mejor entenderemos que la señal consciente es más débil. Hay registros arqueopaleontológicos que se pueden leer sobre la base de la conciencia: nos referimos en concreto a los rituales en torno a la muerte de un espécimen en una comunidad o la conservación de los cuerpos.

Nuestro equipo, el Equipo de Investigación de Atapuerca (EIA), ha descubierto y publicado lo que hasta ahora es la acumulación intencional de cadáveres humanos más importante y antigua de la historia conocida. Se trata del yacimiento de la sima de los Huesos, en el complejo de la cueva Mayor, cueva del Silo, en Atapuerca.

Alrededor de tres decenas de especímenes pertenecientes a un antepasado del *Homo neanderthalensis* fueron lanzados al fondo de una sima, en el interior de una cueva, hace aproximadamente medio millón de años. Era un tipo de homininos con una capacidad craneal de mil trescientos centímetros cúbicos y gran robustez. Se han encontrado más de seis mil restos óseos pertenecientes a sus esqueletos, tanto craneales como poscraneales. Estaban asociados a una herramienta de piedra característica del modo 2, que ya hemos descrito, un bifaz. Parece que este instrumento no se utilizó para ningún fin productivo y se acumuló como parte votiva de los especímenes acumulados.

Esta acumulación nos ha hecho plantear que estos registros podrían interpretarse como un acto social consciente en el que la comunidad preserva los cadáveres para evitar la acción de los depredadores del exterior. Tirarlos a un fondo al que es imposible acceder aseguraba que sus congéneres estaban protegidos. Así, interpretamos esta acción como una forma de conciencia sobre la muerte y, por tanto, una forma de conciencia compartida o social, tal vez relacionada con la conciencia individual, la conciencia social y la autoconciencia.

Nos remitimos a la concepción de la muerte y al posible ritual como demostración del inicio del fenómeno que quizá sea más sugerente en nuestro género: el advenimiento de la conciencia y, probablemente, de la autoconciencia. Pensamos que este es un punto de anclaje bastante importante, y debemos considerarlo como la prueba evidente del progreso humano en la construcción de su conciencia. No ha sido algo relacionado solo con nosotros, ya que ahora estamos descubriendo que otras especies también tienen estos comportamientos tan complejos, aunque en grados de complejidad menores a la nuestra. Ahora mismo se está documentando, en la cueva sudafricana Rising Star, otro registro que se atribuye a un entierro intencional de ciento sesenta mil años de antigüedad perteneciente al *Homo nadeli* y, por lo que dicen los descubridores, asociado también a un cierto protoarte.

Más tarde, con los neandertales, disponemos de muchos ejemplos de esta práctica en la parte meridional de Europa y hasta Oriente Próximo. Los primeros descubrimientos se realizaron en Francia y, entre muchos otros, son particularmente representativos los de La Chapelleaux-Saints y la Ferrasie, con cincuenta mil años de antigüedad. Nuestra especie también hacía enterramientos hace miles de años, como vemos en los yacimientos de Dolni Věstonice, en la República Checa, o Grimaldi, en Mónaco, con cerca de veinte mil años de antigüedad. Enterrar a los muertos ha sido una constante que ya nos permite plantear que la conciencia era una cosa muy social que había adquirido una gran complejidad y que, sin duda, constituía un funcionamiento rutinario en la cohesión social de los grupos.

Esta puede ser una manera de conocer y asociar los orígenes de nuestra conciencia social, pero hay otra: el arte, el gran medio de comunicación de la prehistoria. Sabemos que hay elaboraciones en tres dimensiones, desde hace alrededor de medio millón de años, como la Venus de Tan-Tan, en Marruecos. Curiosamente, se trata de esculturas de tipo antropomórfico, imágenes que no serán demasiado frecuentes en las representaciones humanas hasta una época muy tardía. Por otro lado, parece que las tres dimensiones siempre han sido las representaciones más fáciles para la humanidad, ya que responden a nuestra visión natural de las cosas.

En realidad, el arte no se socializa hasta hace treinta mil años, cuando lo encontramos en todos los lugares donde vive nuestra especie. Aunque, por desgracia, el arte efectuado sobre material orgánico ha sobrevivido solo de forma residual. En cambio, el elaborado sobre soporte de piedra ha llegado a nuestros días de forma abrumadora, a pesar de que hayan desaparecido miles y miles de representaciones.

Los códigos de comunicación hechos en tres y dos dimensiones son otra vez la prueba del diálogo que los humanos hemos mantenido con la naturaleza y con nosotros mismos. Una forma de conciencia que nos ha permitido, igual que enterrar a los muertos, hacer más complejas nuestras relaciones sociales y aumentar el simbolismo como fuerza de interacción real y de otra escala cualitativa.

Las bases de nuestra conciencia se han ido presentando de forma acumulativa a través de los códigos materiales y del lenguaje, lo que ocurre es que solo lo que se ha transferido a materiales resistentes ha llegado hasta nosotros. Es lo que podríamos denominar *conciencia en piedra*. Eso probablemente cambiará, y el cambio será estratosférico.

De la misma manera que ahora se almacena la información en la nube, las nuevas tecnologías nos permitirán no tener que almacenarla, sino que esté siempre en movimiento. Es probable que esto ahora mismo sea una simplificación reduccionista, ya que, de momento, todo necesita contenedor. Nuestro encéfalo es la mente y nuestra mente es el encéfalo, pero en el futuro alcanzaremos otras propiedades como consecuencia de miles de emergencias que se harán convergentes y no por azar.

En el presente y en el futuro vemos cómo la conciencia tendrá un papel relevante en nuestra evolución. Será así cuando el proceso de humanización con la socialización de la ciencia y la tecnología se haga exponencial. Podríamos decir que la conciencia operativa ocupará cada vez más espacio social, de modo que sus socializaciones nos llevarán a una humanidad diferente de la que conocemos ahora mismo.

Esta cuestión es muy relevante, ya que hablamos de nuestro devenir y lo hacemos planteando la diversidad como estrategia adaptativa, de modo que deberíamos hablar de conciencias diferentes y no solo de conciencia operativa, tal como hacemos en la actualidad, cuando solo existimos los *Homo sapiens*.

Pero ¿cómo serán estas conciencias? Solo con algo de osadía podemos plantear el futuro del que hablamos. Los espacios y el tiempo del futuro serán diversos y estarán ligados a la longevidad —probablemente a la eternidad—, a la vida a otros planetas, a otras ubicaciones que ahora no conocemos. En cualquier caso, todavía tardaremos mucho tiempo en socializar distintas ubicaciones o en ser capaces de vivir en espacios estelares todo el transcurso de nuestra vida.

Estos planteamientos nos indican que de las conciencias operativas actuales pasaremos a una cósmica de otro nivel. Una conciencia cósmica que ahora mismo podemos plantear, pero que somos incapaces de explicar, puesto que contiene muchos cambios de fase y de escala. Pero el que no lo podamos plantear no significa que no podamos imaginarlo. Nuestra mente puede priorizar la información mucho antes que la acción, una propiedad de nuestra inteligencia y conciencia operativa. Muchos descubrimientos se hacen por casualidad, pero hay una causalidad en los procesos sin la cual se haría imposible que emergieran.

De todos modos, el tema de la conciencia o, mejor dicho, de las autoconciencias, jugará un papel fundamental en las especies, las subespecies y las paraespecies de la humanidad. Este es un debate que necesitará, como decimos ahora, mucha más reflexión. Puesto que no podemos confrontar otras conciencias que no sean la nuestra, debemos conformarnos con la generación de escenarios imaginarios e imaginativos que nos permitan establecer puentes entre lo que queremos y deseamos y lo que sucede en realidad.

Asimismo, al humanizarnos y transhumanizarnos, los humanos llegaremos a otras coordenadas en las que quizá este debate ya no tenga ningún interés adaptativo en el futuro. Pero, como ya hemos insistido, haber planteado lo que estamos planteando nos ayuda a metabolizar ideas y acciones de futuro que, de momento, todavía no son realizables, pero sí pensables.

Nuestra conciencia estará sometida a miríadas de conocimiento, de complejidad y de aceleración temporal, de modo que puede que ya no sea como la entendemos en estos momentos. Debido a la aceleración a la que están sometidas la humanidad y la transhumanidad, evolucionará cada vez más hacia una conciencia cósmica. La secuencia que planteamos sería la siguiente: en primer lugar, en el pasado más remoto, una conciencia individual; a continuación, una conciencia colectiva y social; posteriormente, una conciencia de la especie y, al final, como consecuencia del crecimiento exponencial de la complejidad, una conciencia crítica de la especie que evolucionará hacia la conciencia cósmica.

Ya hemos avanzado que este esquema evolutivo se puede ver modificado por la existencia de varios tipos de conciencia a causa de la diversidad humana y transhumana o parahumana, que prevemos que se puede producir en el planeta como resultado de una necesidad evolutiva, pero también de una capacidad científica y tecnológica sin la que sería imposible desarrollar esta conciencia cósmica, producto de nuestra singularidad inmersa en la aceleración del espacio-tiempo.

Las autoconciencias tendrán mucho que decir en todo eso que planteamos, y se llegará aquí por la modificación continua de nuestras interacciones sociales, nuestras interacciones no sociales y nuestro entorno.

La conciencia social y la ecológica representan las dos caras de nuestra moneda evolutiva en el siglo XXI. Al fin hemos entendido de dónde venimos y estamos construyendo hacia dónde vamos. Medio histórico y medio natural se fundirán en el futuro, cuando acontezca la socialización de la revolución científica y tecnológica.

Planteamos este principio voluntarista por necesidad. Seguramente, sin esta necesidad de conocer cómo funciona la incertidumbre, no nos veríamos empujados a estas formas de inferencia, que muchas veces son casi especulativas, pero que tienen un valor constructivo y creativo favorable, tal como hemos visto y veremos en la concreción de escenarios de cambio, transformación y metamorfosis evolutiva.

Emprendemos un camino difícil de seguir. En él, la intuición y la ilusión, la necesidad y el azar, se encuentran para asegurar que estamos más cerca de un convencimiento que de un planteamiento científico e histórico.

8

CONCIENCIA, ECOLOGÍA
Y ECOLOGISMO DE ESPECIE

No eres consciente del daño que causas en tu entorno o, mejor dicho, no somos conscientes de la destrucción que provocamos en el medio natural. Al expresar esta idea, lo que narramos es que la conducta que los humanos llevamos a cabo afecta de tal manera que tal vez sea irreversible en los entornos donde vivimos. O, directamente, en el presente y el futuro de la especie o las especies humanas, así como en el sistema de forma estructural.

Hasta hace muy poco, puede que hasta finales del siglo XX, con el inicio de la monitorización del planeta, no éramos conscientes de hasta qué punto los humanos podemos intervenir en el medio natural y contribuir de manera estructural en la aceleración de la tendencia del cambio climático de la Tierra. Si no se tratan de manera conveniente, estos cambios pueden acelerar el colapso de nuestra especie. La destrucción del *oikos* es la destrucción de nuestra habitabilidad en el planeta.

Los humanos solemos reaccionar muy rápido a los problemas, siempre que los entendamos y que nos perjudiquen. Eso quiere decir siempre y cuando tengamos conciencia de ello y sepamos cómo influyen en nuestro entorno o directamente sobre nosotros como sociedad. También es verdad que, según decimos de nosotros mismos, somos el único animal que tropieza dos veces con la misma piedra. Eso deberíamos contrastarlo, pero, en cualquier caso, nos sirve como metáfora de cómo funcionamos. Decir que tropezamos con la misma piedra no significa que tengan que desautorizarnos como animal social, inteligente y consciente. Es una cuestión de tiempo que corrijamos nuestro rumbo. Lo que ocurre en la actualidad es que el tiempo vive una fuerte aceleración y no es el mismo que el que vivieron nuestros antepasados.

En efecto, como insistimos, se ha acelerado de tal manera que, aunque tardemos poco en reaccionar, nuestro problema estriba en que los tiempos de reacción también deben acelerarse, igual que ocurre con los descubrimientos y su socialización. Lo que antes se socializaba en centenares de miles de años, después se hizo en miles y centenares, y ahora en días. Debemos sincronizarnos con el tiempo acelerado si queremos que nuestra especie siga sobre la faz de la Tierra.

La conciencia crítica de la especie se ha propagado por el planeta como un huracán. Vemos manifestaciones contra las guerras, para intervenir en nuestras estructuras sociales, para retrasar el cambio climático, para alimentarnos de manera consciente. Si bien hablamos de manifestaciones que aún no están del todo socializadas, sí podemos afirmar que se trata de indicadores que nos dicen que la conciencia social ha avanzado de manera exponencial. Eso nos asegura cambios importantes en nuestro comportamiento social, que, por otra parte, son necesarios para nuestra supervivencia.

Los científicos somos los primeros en comprender que el cambio se está produciendo de manera acelerada por el efecto que la antropogénesis tiene en el planeta. Es decir, el efecto de la intervención de los humanos en la transformación de sus entornos naturales para producir bienes. Esta intervención y efecto ha llegado hasta tal punto que se ha propuesto la utilización del término Antropoceno para lo que definimos como el periodo geológico Holoceno, el que coincide con el paso de las sociedades de cazadores y recolectores a las de ganaderos y agricultores. Aun así, el cambio más importante se produce en el periodo marcado por el paso de los ganaderos y agricultores a las primeras sociedades industriales. La socialización de la Revolución Industrial produce los primeros efectos negativos en el medio natural. El uso masivo de combustibles fósiles para la producción de bienes, tal como hemos explicado tantas veces, produce efectos negativos impresionantes en la ecología del planeta.

Es obvio que no ser consciente de la destrucción que puede producirse en el medio natural en que vivimos es una dificultad importante que no permite la afinidad ni la empatía con el problema, ni con nosotros mismos como especie. Es probable que, en el futuro, este tipo de actitud degenere en una anomalía muy grave que afecte de manera muy negativa a una gran cantidad de humanos. Sin embargo, la mayoría social todavía no contempla en estos términos la cuestión. Sobre todo, hay inquietud por los datos que se obtienen gracias a la monitorización que se hace del planeta, ya que los resultados que llegan son alarmantes y alcanzan cuestiones térmicas, la contaminación, la destrucción de ecosistemas, etcétera. Entrar en un marco distópico es ya una posibilidad plausible.

Tal como pensaba James Lovelock, la explotación sin límites de los recursos naturales debido al consumo exponencial y el crecimiento demográfico pone en peligro el futuro de la especie antes de que pueda producirse la diversidad artificial en el *Homo sapiens*. Importan más los intereses personales, económicos y políticos que los humanos y los de los colectivos sociales, con independencia de las culturas. Si los acontecimientos de cambio son masivos, el efecto destructivo afectará a todo el mundo, sin tener en cuenta la clase social. De todos modos, el escenario que preveo no será tan negativo como algunas personalidades sugieren, aunque sí apunta al colapso. Con todo, creo que puede ser reversible y que es harto probable que la diversidad humana salga adelante.

Es probable que la noción de conciencia de la especie, como hemos planteado ya con anterioridad, sea uno de los conceptos más utilizados y recreados en los debates de tipo ético y moral. La conciencia se utiliza como concepto, a la vez que la inteligencia, una propiedad muy valorada por la especie. La consecuencia ha sido el desarrollo de la IAG. Esta valoración parece de tipo objetivo; las grandes personas, hombres y mujeres, que han hecho aportaciones al progreso humano son consideradas especiales. Estoy seguro de que todos tenemos conciencia de que la inteligencia es un elemento fundamental, tanto del progreso de la especie como de la supervivencia en condiciones evolutivas duras. Tener conciencia de esta realidad devuelve un valor holístico y universal muy importante al concepto *conciencia*.

En cualquier conversación de calle o de café, en el trabajo o de vacaciones, pasamos mucho tiempo discutiendo sobre qué está pasando con nuestra especie. Decimos que no hay conciencia del cambio climático, de la miseria, de la clase, etcétera. Nos llenamos la boca de *conciencia* cuando todavía ni sabemos con seguridad qué significa y qué puede significar en el futuro de la humanidad. Esta es una realidad que debe recordarnos lo que somos los humanos y lo que debemos ser para humanizarnos en el futuro.

Por todo ello, la conciencia no solo se puede entender como un concepto filosófico, sino que debe entenderse como una propiedad aplicable socialmente que ha surgido en el transcurso de la evolución de nuestro género y que ha aumentado en nuestro sistema social, hasta llegar a ser, por su naturaleza, un concepto muy estructural y que se encuentra en el nudo gordiano de nuestra existencia y, sobre todo, de nuestra especie. Sin autoconciencia, no podemos tomar las riendas de nuestro futuro, como ya he explicitado en muchos momentos de mis ensayos.

A mi entender, y siendo redundante, la conciencia es la capacidad humana de reconocernos en la evolución de manera analítica y crítica. Sin esta crítica y autocrítica ni hay sentido de conciencia ni la conciencia tiene sentido. La inteligencia precede a la conciencia, la socialización de la inteligencia operativa, entendida como capacidad de utilizar la abstracción como vehículo práctico para mejorar la acción humana nos lleva a la conciencia operativa, de manera que forma parte de esta columna maestra del comportamiento humano desde el inicio de los tiempos, cuando todavía éramos primates con comportamientos alejados a los de nuestra especie.

La conciencia es una propiedad humana emergida, una actitud y una aptitud que nos proyecta desde nuestro interior al exterior y desde el exterior al interior. Un ciclo de retroalimentación básico para el progreso social humano en el planeta y fuera de él. Es la clave de nuestra singularidad evolutiva. Es una noción, es un concepto, es una propiedad, es un comportamiento mental y práctico de observación, acción y proyección de la especie al medio. En mi opinión, lo es todo. Lo que ocurre es que se comporta de manera distinta en diferentes situaciones y escalas. Es un concepto unificado e integrador en nuestra socialización que necesariamente parte de la forma social de la inteligencia.

Las formas de conciencia, como de inteligencia, tanto natural como artificial, son expresiones de lo que es único: nuestra capacidad de tomar decisiones desde la objetividad, pero también desde la subjetividad. Aunque sea redundante, ser consciente de este proceso es la misma base de lo que estamos planteando. Las dos expresiones reflejan lo que nos ha hecho humanos. Así, podríamos decir que la conciencia es una forma estructural de trascendencia de nuestro género, también lo que nos ayudará a hacernos transhumanos.

Avanzar en esta cuestión no es fácil. Recuerdo que hace unos cincuenta años, cuando estábamos empezando nuestros estudios universitarios, cayó en nuestras manos un libro extraño que hablaba de la historia ecológica. No recuerdo su título ni el autor. El caso es que no se trataba de la historia de la ecología, sino de una historia ecológica, como podría serlo la historia marxista u otro tipo de interpretaciones. En nuestra especie, siempre existen especímenes que son capaces de anticiparse en términos históricos, como veremos más adelante. Precisamente siempre hay pioneros en la toma de conciencia, puesto que esta también se manifiesta de forma individual.

Ahora, pasados los años, me doy cuenta de que entonces no éramos nada conscientes de la importancia del clima en el planeta, ni, como es obvio, de la ecología que nos sustenta en la nave Tierra. Nuestra idea, la vieja idea de la transformación social, se basaba en el dominio y la explotación de la naturaleza como factor de progreso, ideas que compartían tanto jóvenes marxistas como no marxistas. La sobrevaloración de lo que es humano, el antropocentrismo, no nos dejaba ver el bosque donde vivimos. Estábamos estancados en la conciencia de clase y carecíamos de cualquier tipo de conciencia de la especie.

La naturaleza no era una fuente inagotable de materias primas que podíamos utilizar sin peligro de agotarlas, todo lo contrario. Lo que aceleró el desarrollismo (y, en muchos casos, no el progreso social de la humanidad) fue el capitalismo. La conciencia de clase fue otro concepto importante que permitió a la clase obrera abrirse camino en la lucha por la dignidad y contra la explotación. Es decir, se explotaba el entorno, pero también a los hombres y a las mujeres. Así, al fin y al cabo, el capitalismo socializó la explotación como sistema de generar recursos para pocos y malestar para muchos.

Por desgracia, la conciencia de clase no sirvió para que otras visiones emergentes de la humanidad, como el socialismo, no siguieran explotando el medio. Faltaba que emergiera la conciencia de la especie y, fundamentalmente, la conciencia crítica de la especie; la conciencia de la conciencia que nos llevará a la transhumanidad.

En los años setenta, surgió la voz de un personaje con una gran visión de la economía, una visión del futuro en las antípodas de los economistas capitalistas. Se trata de Nicholas Georgescu-Roegen, quien en 1971 publica la obra que nos cambia la visión de la economía: *La ley de la entropía y el proceso económico*. En ella, ofrece una innovadora perspectiva de la economía a través de la combinación de biología, ecología y conocimiento económico. Entender los flujos económicos como una interrelación de fenómenos nos abre la puerta a comportamientos humanos en el futuro y también nuevos puntos de vista para la transhumanidad. Se trata de analizar con conciencia global y de especie, pero de manera científica.

Estas reflexiones se han llevado a la práctica o al menos han influido en el desarrollo del planteamiento del Club de Roma del siglo pasado y en las teorías del decrecimiento, socializadas en el siglo XXI. Estas teorías se basan en el desequilibrio entre la producción trófica del planeta y nuestro consumo y llegan a la conclusión de que, en la actualidad, casi consumimos la producción de dos planetas, aunque solo tenemos uno.

Así, vemos hasta qué punto la conciencia puede ser una aptitud dispar. Antes, cuando se trataba sobre temas de la naturaleza, no se sincronizaba lo humano con el entorno, sino que estaba disociado. La conciencia de la permanencia como especie deriva de la monitorización del planeta. Los sensores instalados en océanos y mares, los sistemas continentales y los satélites que orbitan alrededor de la Tierra nos han permitido conocer la situación de la litosfera, la biosfera, la hidrosfera y la atmósfera.

Estos datos se han acumulado y, como consecuencia, secuenciado. Ahora tenemos series continuas que nos permiten conocer la evolución del planeta, su salud. Hemos podido contrastar las teorías bioeconómicas con gran precisión, y su capacidad explicativa representa un gran avance respecto al pasado.

Es cierto que hipótesis como la de Gaia, de Lynn Margulis, han contribuido a entender la correlación que hay entre todas las partes del sistema y las estructuras que sustentan la vida planetaria. Y no es menos cierto que James Lovelock integró ya ideas y conocimientos para que, de manera objetiva y subjetiva, se pensara de otra manera sobre nuestro entorno.

En Gaia, al plantear el planeta como una estructura sistémica en la que la vida se autorregula, Margulis cambia absolutamente las reglas del juego. Fui muy afortunado por tener relación con esta microbióloga, y pudimos discutir sobre esta cuestión, así como de otra propiedad de la vida emergente: la endosimbiosis. El hecho es que la conciencia ecológica emergió no hace demasiado, pero la idea se ha socializado con mucha rapidez. En solo cincuenta años hemos tomado mucha conciencia de lo que sucede en el planeta, así como del hecho de que tenemos responsabilidad en la dinámica de nuestro sistema natural.

Ya no se entiende la naturaleza, como mínimo desde el punto de vista ideológico, como solo un sistema que explotar y del que obtener recursos, sin que importe cómo ni cuándo. Es un almacén donde debemos entrar para conseguir recursos, pero también para equilibrar su funcionamiento termodinámico. Vemos cómo una conciencia operativa puede contribuir de manera beneficiosa al equilibrio del sistema Tierra.

Nos percatamos de cómo las distintas hipótesis nos sirven para rearmar una conciencia de la especie desde la economía, pero también desde la ecología. De este modo robustecemos nuestro sistema de pensar y de conocer y (esperemos) de actuar. Así, confiemos en que la conciencia ecológica forme parte fundamental de la conciencia crítica.

Sabemos que el planeta no tiene capacidad para suministrarnos todo lo que queremos de manera exponencial, de modo que, si consumimos lo que ha almacenado durante los últimos miles de millones de años, nos veremos obligados a cambiar de nave. Y para hacerlo todavía no estamos preparados, ni psicológica, ni social ni, por descontado, tecnológicamente. Queda mucho por hacer. ¿Y mientras tanto? Tenemos que coger el toro por los cuernos sin perder ni un segundo. El objetivo debe ser que, cuando lleguemos al cambio de fase, todo esté en condiciones. Es probable que, en el siglo xxii, la tecnología y la biotecnología puedan aportar soluciones o revolucionar los espacios de pensamiento y acción con los que trabajamos en la actualidad.

Volviendo a la energía y a la materia, nuestro sistema Tierra está abierto a la radiación solar, que es, en gran parte, responsable de la vida en el planeta. A través de esta energía, la fotosíntesis vegetal es posible, así como la acumulación, la fijación y la transformación de vitaminas, lo que permite la vida en la Tierra a los organismos y a nosotros mismos.

Sin embargo, el consumo exponencial de materias primas y de energía hace que todo sea vulnerable. Estamos intercomunicados ecológicamente, pero también socialmente. Desde el punto de vista demográfico, somos cada vez más potentes y corremos el peligro de colapso o de autoextinción; solo la conciencia puede ayudarnos. Una conciencia crítica de la especie nos capacita para que el pensamiento se convierta en conciencia operativa y nos permita ir mucho más allá de lo que, por el momento, no es posible ni seguramente factible.

Tal como señala Jason Hickel en *Menos es más. Cómo el decrecimiento salvará el mundo*, romper el crecentismo no es fácil. Según sus palabras: «Aunque las pruebas que demuestran la relación entre el crecimiento económico y el colapso ecológico siguen aumentando, el crecentismo sigue estando bien asentado. Tiene la perdurabilidad y el fervor ideológico de una religión».

Mi último concepto, que ya hemos utilizado, es el de conciencia operativa. Hay que entenderlo como la capacidad humana de intervenir sobre el medio natural e histórico no solo con la voluntad de sobrevivir como especie, sino también de comprender lo que hacemos como humanos. Me parece un término que integra la inteligencia en la vertiente práctica (ya lo hemos visto en la construcción de herramientas), pero también en la del conocimiento y de la capacidad de reflexionar. Una herramienta de gran valor evolutivo, una adquisición compleja pero fundamental para la organización social y ecológica de la especie y las especies que pueblan el Sistema Solar, así como otros planetas de nuestra galaxia. El desarrollo y la aplicación de este concepto pueden ayudar a romper la columna del crecentismo y colaborar con la transformación de los humanos.

La clave es cómo se utiliza esta acción en el ámbito social, cómo se socializa, en beneficio de la especie o de las especies. Es decir, a nuestro entender, conciencia crítica de la especie y conciencia operativa deberían ir de la mano, puesto que la posrevolución científica y tecnológica y la sociedad del pensamiento convergen estratégicamente en el devenir de nuestras especies. Todo eso es imposible sin interacción en un medio físico concreto y, por tanto, en un marco ecológico.

La eliminación del entorno ecológico en una evolución transhumana o poshumana es todavía una quimera, pero, con el tiempo, es una posibilidad real. Sin embargo, si ocurre, se producirá una ruptura fundamental en nuestras relaciones sociales. Eso puede provocar una condensación de sentimientos y pensamientos colectivos que podría sobrecargar el sistema vivo, aunque haya mucha diversidad.

Estamos constatando cómo evoluciona nuestra profundidad de comprensión del sistema Tierra. Esta es la realidad que la ciencia nos ha permitido identificar para evaluar lo que sucede. El hecho consciente ha puesto en evidencia la necesidad de repensar nuestras actuaciones en el presente y de configurar una forma de actuación futura que desacelere la inercia de cambio.

Solo la edición y la modificación pueden ser eficientes en estos procesos de metamorfosis evolutiva si no se consiguen frenar a tiempo las tendencias que ya conocemos a través de la monitorización del sistema Tierra. Se necesitan acciones para poder llegar hasta la transhumanidad. Es necesario un pensamiento de especie no defensivo porque el proceso nos empuja a ello, aunque la mediocridad de los antiprogresistas lo cuestione. Es necesaria una socialización urgente del concepto de crítica social evolutiva por encima de ideologías reaccionarias y conservadoras que quieren destruir la deshumanización porque consideran que, por el momento, están mejor situadas para manipular nuestras conciencias.

9

PROTEGERNOS PARA SOBREVIVIR

Es probable que la protección ante los meteoros sea una de las propiedades etológicas que hemos desarrollado los grupos zoológicos, sobre todo nuestro género, como consecuencia del aumento de complejidad creciente de nuestras estructuras. Desde tiempos muy remotos, tenemos documentada la idea de protección. Las estrategias para evitar los embates de la naturaleza se multiplican en nuestras distintas especies para acabar siendo de gran complejidad y diversidad en las sociedades del *Homo sapiens*. Seguramente esta complejidad se hará todavía más reconocible en la transhumanidad. Ha empezado ya el uso sistemático de las nuevas tecnologías para que los hogares no tan solo nos protejan de las inclemencias, sino que también nos generen un entorno de confort y de información de un gran valor adaptativo; son auténticos habitáculos interconectados con todo tipo de artefactos y sofisticaciones. También es verdad que, junto con estos estándares de las sociedades de la revolución científica y tecnológica, coexisten territorios donde esa sofisticación es inexistente. La lucha debe ser la socialización real y total de los medios tecnológicos y sociales.

Las semillas se protegen para que puedan germinar cuando haya un entorno favorable. Muchas especies disponen de un núcleo envuelto en materia dura o leñosa que sirve como coraza para evitar su deterioro orgánico antes de abrirse. En efecto, se trata de la protección del exterior para mantenerse en suspensión en el interior hasta que sea favorable la reproducción. Una estrategia de la naturaleza de gran contingencia, pero también de una gran belleza; una metamorfosis sin parangón, el paso de la inmovilidad a la dinámica y al movimiento, al crecimiento y el desarrollo del taxón. Si las condiciones de temperatura y humedad no son las adecuadas, la exposición al exterior pone en peligro la estructura embrionaria y después a la planta misma. Es una flagrante demostración de poder de la naturaleza, que lo ha generado todo por ensayo y error.

Las hembras humanas disponen del feto como consecuencia de la evolución del embrión. El feto permite proteger al organismo y su génesis. Una serie de parámetros deben mantenerse constantes para que se produzca el desarrollo. La misma autorregulación del cuerpo humano hace que el líquido amniótico donde flota el preespécimen esté en condiciones de asegurar la maduración del organismo. Todo este proceso necesita una situación de homeostasis para poder desarrollarse y dar lugar a la progenie.

La protección es esencial para sobrevivir. Protegerse del estrés permite una mejor supervivencia. Envolverse, protegerse del medio, cuidar de nuestro cuerpo y alejarlo de la humedad y del frío o de un calor riguroso es básico para evitar patologías, enfermedades o procesos de deterioro. Si un espécimen se somete a un estrés continuado, la probabilidad de que desarrolle procesos patológicos es exponencial.

No he calculado científicamente cuánto tiempo pasamos con exactitud los especímenes humanos expuestos al exterior, al aire libre. Estoy convencido de que es algo que costaría muy poco, a pesar de la diversidad cultural de nuestra especie. Calculando lo que hacemos en un día normal de veinticuatro horas, no resultaría difícil. Solo lo he hecho de manera aproximada porque pienso que es un ejercicio interesante para conocernos mejor.

Necesitamos envolvernos, taparnos, arroparnos, buscar espacios con sombra cuando hace calor, espacios seguros si hay una tormenta. Lo aprendimos, como muchos otros organismos vivos que disponen de mecanismos de protección bajo tierra, en las copas de los árboles, en los troncos, en grietas de rocas, etcétera. Es un aprendizaje que desarrollamos para bajar de manera temporal el nivel de estrés. Lo mismo que hacemos cuando dormimos y gastamos el mínimo de energía, solo la que permite mantener nuestras funciones vegetativas.

La mayor parte de nuestra existencia, y en condiciones meteorológicas óptimas, estuvimos al aire libre viviendo desprotegidos, igual que otros primates. La evolución nos hizo cambiar de estrategia e imitar a otros animales que construían nidos, madrigueras y cobijos de todo tipo; habitáculos para intentar aislarse del exterior y protegerse de las inclemencias que podían perjudicar el crecimiento y la salud.

Lo que sí sabemos es que cuando éramos cazadores recolectores pasábamos la mayor parte del día al aire libre. Nuestras cabañas estaban casi todo el día vacías. A menos que hiciese frío o mal tiempo, tal como ocurrió en periodos glaciales. Entonces utilizábamos entradas de cuevas o su interior, así como refugios de pieles, de vegetales o de restos óseos. Nos cobijábamos en estas estructuras naturales o antrópicas para mantener el calor corporal. En eso hemos cambiado totalmente. La evolución social, económica y cultural ha contribuido a este fenómeno en todas las latitudes del planeta.

En la Revolución Industrial y científica y tecnológica, hemos evolucionado hasta construir espacios inconmensurables. Edificios de casi un kilómetro de altura que desafían la ley de la gravedad (el Burj Khalifa, en Dubái, llega a los ochocientos veintiséis metros de altura, o el Ping An Finance Center de Cantón, en China, que llega a los quinientos noventa y nueve metros, entre muchos otros en distintos continentes y países). Volvemos a vivir en la verticalidad, tal como ya habían hecho nuestros antepasados homininos en los dominios boscosos hace millones de años. Y es probable que no se tarde demasiado en desafiar esa altura, con edificios que suban hasta superar el kilómetro. La ciencia y la tecnología llegan a rendimientos exponenciales.

Así, vemos que lo de la verticalidad y la construcción de cobijos viene de mucho tiempo atrás, y en ese sentido podemos decir que son hábitos de género y de especie, pero no solo de la humanidad. Lo que sí es chocante es cómo estas construcciones evolucionan e incrementan su complejidad como consecuencia de nuevas necesidades sociales y cambios en nuestras formaciones sociales.

La preocupación que tenemos los humanos en la actualidad por la vivienda es indicativa del papel que ha jugado esta adquisición en nuestra existencia. Por tanto, hay que analizarla con mucho cuidado, porque nos puede proporcionar pautas importantes en nuestra manera de adaptarnos a los espacios, generando áreas de seguridad que nos permitan regenerar energía y, como consecuencia, incrementar nuestra sociabilidad. Es probable que el gasto que afrontamos con la compra del hogar sea el más importante de nuestra vida. Significa seguridad e independencia. El capitalismo ha sido muy efectivo para fijar este hábito etológico.

Habíamos empezado por plantear el tiempo que los humanos estamos en el exterior y, en esencia, lo habíamos ceñido a las condiciones climáticas, pero también a la luz. Además, habíamos constatado que el comportamiento constructivo en lo alto de los árboles, como los nidos, en las aves, o las madrigueras, en el suelo, son constantes evolutivas en todo tipo de animales, de modo que los humanos nos encontramos inmersos dentro de estos estándares de protección de las fuerzas de la naturaleza.

Pues bien, en el mundo de la revolución científica y tecnológica y desde los tiempos de la Revolución Industrial, en nuestra vida cotidiana, los humanos estamos constantemente protegidos del exterior y de las inclemencias; las construcciones artificiales han hecho que disfrutemos de bienestar. No estar expuestos a la radiación continua ni al estrés que provoca estar en guardia constante en el medio natural nos ha permitido alargar la vida con rapidez. En muy poco tiempo, la esperanza de vida se ha disparado, no solo en el primate humano: nuestros primos evolutivos no humanos, bien cuidados y alimentados en un santuario, pueden llegar a vivir casi el doble respecto a cuando están al aire libre. No digo que sea mejor para ellos, solo constatamos que existe una correlación muy positiva entre el refugio y la buena alimentación.

La protección, la alimentación y el cuidado sanitario y biotecnológico son tres de los parámetros más importantes para entender el futuro humano y poder conocer cómo nos adaptaremos a la socialización de la revolución científica y tecnológica. Son los elementos clave que probablemente serán fundamentales para analizar los cambios y las transformaciones en nuestra evolución.

Por ilustrarlo, un espécimen humano normal, un *Homo sapiens* urbano, no suele salir de casa antes de las siete de la mañana, toma algún medio de transporte para llegar al trabajo (si es que no trabaja en casa) y, una vez allí, permanece durante ocho horas o más. Cuando termina, coge el transporte y vuelve al hogar. Si ha salido a comer, ha sido en otro habitáculo (si es que no lo ha hecho en el trabajo) y, si no tiene una actividad en el campo, puede que también haga otras actividades en otro habitáculo. Incluso en el campo tiene las cabinas de los tractores, por ejemplo, para protegerse. Así, en un día normal, puede que un espécimen humano no haya estado más de una hora, o menos de dos, expuesto a los meteoros y a la radiación solar.

Si calculamos la media anual en los países avanzados, es posible que no estemos más de mil horas al aire libre, sin ningún tipo de protección, de las siete mil quinientas sesenta que tiene un año de nuestra vida. Otra manera de explicarlo es que, para una población con una esperanza de vida media de ochenta años, de sus seiscientas mil horas de vida, poco más de sesenta y cuatro mil las pasará fuera de un habitáculo, lo que hace que hayamos evitado cada vez más nuestra exposición al exterior. Este hecho nos permite ser más resistentes, no envejecer tan pronto, la fatiga de materiales es mucho menor si la comparamos con la del resto de animales que viven bajo el estrés climático de manera constante. Por eso ponemos en nuestro punto de mira la importancia de los periféricos y las condiciones materiales de la humanidad para analizar hacia dónde nos encaminamos en ese ámbito. Si hacemos una inferencia en lo que puede pasar en el inicio de la transhumanidad, si no hay una modificación biotecnológica explícita, puede que nos movamos siempre en espacios protegidos o cubiertos superantropizados. Ya hemos visto películas de ciencia ficción en las que los protagonistas siempre van enfundados en un traje espacial que solo se quitan cuando llegan a la nave o al campo base.

Si analizamos la evolución de la vivienda, observaremos una serie de elementos que pueden ayudarnos a entender los hogares del futuro de una manera más plausible. Hay una serie de factores fundamentales para poder estudiar con un criterio analítico la evolución de la vivienda como forma de complejidad social. Esto va ligado, como siempre, a la etología, la cultura, la economía y las condiciones del medio.

Podemos establecer una secuencia básica de manera muy simplificada. Los materiales de construcción y las formas o morfologías de lo que construimos son exponentes estructurales, de modo que a partir de este punto también podemos establecer un análisis de la diversidad de nuestra especie y sus formas de adaptación al espaciotiempo.

En el pasado remoto, las materias primas para la construcción de viviendas fueron los materiales de proximidad y, todavía lo son hoy, en muchos casos y a pesar de la complejidad de las construcciones. Nos referimos a materiales inorgánicos como las rocas (cuyos ejemplos pueden ser los templos antiguos de Egipto), sedimentos o materiales orgánicos (vemos aquí las florecientes ciudades del Neolítico de hace nueve mil años como Çatal Hüyük, levantada con residuos animales, o Mezhirich, de más de quince mil años de antigüedad y hecha con restos esqueléticos de mamuts. Y, como es evidente, los vegetales utilizados en las cabañas de cazadores recolectores nómadas).

Añadiendo las morfologías constructivas, podemos generar los modelos de todos esos procesos evolutivos y obtener una imagen universal de los habitáculos. Las formas: triangulares, circulares, rectangulares, pentagonales, esféricas, cúbicas, cónicas, troncocónicas o piramidales. Constituyen prácticamente todas las formas que después pasarán también a ser estándares y que muestran la diversidad morfológica de nuestros habitáculos, que tienen distintas funciones: económicas, sociales, culturales, productivas... De manera inconsciente, la diversidad forma parte de la evolución de la vida e impregna nuestras conductas.

¿Cómo evolucionarán en el futuro? Es una cuestión interesante, ya que tenemos modelos de ciudad muy antiguos, como el de Çatal Hüyük, donde hace nueve mil años se adoptó el sistema de hormiguero horizontal para agrupar a muchos especímenes. Hay que decir que este sistema genera un conjunto de relaciones intraespecíficas importantísimo.

Los humanos disponen de una celda donde vivir y un territorio común para compartir, donde se produce. De este modo, la individualidad es colectiva; ya no se trata de las cabañas alejadas las unas de las otras, sino al contrario: se trata de fortalecer a los individuos manteniendo unidades familiares pero con fuertes lazos vecinales. Según esta idea, el incremento de sociabilidad en la especie es exponencial. A partir de este modelo, ya nada sería igual en el futuro respecto a la vivienda. Los humanos entraron en otra dimensión social.

Insistiendo en el modelo de Çatal Hüyük, el hecho de que no haya calles y de que la circulación se haga por los tejados nos indica también un espacio de atracción fuera de la casa que se utiliza como refugio; se trata, evidentemente, de un espacio de relación social. De este modo, esta ciudad genera ya una nueva forma de interconexión social en un tiempo anterior al del paso de la caza a la recolección.

Estos modelos que comentamos nos sirven para explicar comportamientos evolutivos básicos que nos permitan comprender el progreso humano. Más adelante la ciudad dejará de ser un hormiguero *stricto sensu* y se abrirán calles y plazas que favorecerán que los colectivos crezcan de manera diferenciada. Y así hasta llegar a las ciudades actuales, donde la intercomunicación y los servicios hacen que sea posible estar por completo aislados físicamente en casa, si eso es lo que queremos. Puede que la solidaridad tecnológica haya sustituido a la necesidad solidaria de la individualidad.

En cuestión de pocos centenares (quizá miles) de años, hemos pasado de las ciudades de unos pocos miles de individuos a las ciudades con millones de habitantes, en un proceso exponencial y, de momento, irreversible, hasta que la socialización de la tecnología nos abra otra vez la posibilidad de separarnos. Pero ¿cómo puede producirse esta separación? Consideramos que ya no será solo terrestre, sino también extraterrestre, una vez iniciemos la conquista del espacio. El transporte resultará básico para la intercomunicación, pero, sobre todo, lo serán las redes sociales y holográficas o las tecnologías digitales, entre otras muchas cosas.

¿Y cómo construiremos en el futuro menos inmediato? De momento, ya hemos trasladado la revolución científica y tecnológica a la organización de la ciudad, con el concepto de *ciudad inteligente*. Este concepto nos abre la posibilidad de monitorización de los espacios, mediante el Internet de las cosas (IoT) y la hipercomunicación. Como ya reflexioné hace muchísimos años, en esta interacción se producirán los cambios en los nódulos donde se acumulan los especímenes humanos. Se calcula que, en 2050, el setenta por ciento de la especie vivirá en las ciudades del futuro. En cualquier caso, está claro que el concepto ciudad inteligente surge para hacer sostenible la ciudad y su entorno para, finalmente, mejorar la vida de los ciudadanos. Ya es un experimento para la transhumanidad.

La socialización de la revolución científica y tecnológica irá introduciendo en nuestros hogares la inteligencia artificial, los robots, la realidad virtual, los sistemas digitales y el Internet de las cosas, de manera que seremos pobladores supertecnológicos hipervinculados desde que nos levantamos hasta que volvemos a acostarnos. La complejidad estará instalada en nuestras vidas de manera permanente. En ese sentido, seremos por completo interdependientes de nuestros periféricos, pero también de nuestro claustro doméstico, donde mandarán los algoritmos que controlarán las redes neuronales, la realidad aumentada y el *big data*.

Las estructuras y las infraestructuras se fundirán en espacios hipertecnológicos que nos acompañarán en los procesos vitales, ligados a la monitorización de la salud y también de nuestros comportamientos. Será una fusión biotecnológica permanente. Conectados e interconectados domésticamente dentro del claustro tecnológico general. Todo monitorizado. El Internet de las cosas se fundirá con el Internet de las personas, convergiendo estrategias de la vida con estrategias productivas y de distribución y adquisición de recursos para la reproducción. Gobernados por inteligencia artificial generativa y creativa.

Habrá una sola realidad vivida y supeditada a la misma complejidad que será la regla de toda la cohesión social, en el espacio y el tiempo en el que nos desarrollemos como especie tecnológica. Es decir, que lo que ahora llamamos *casa* u *hogar*, en el futuro será una prolongación del contínuum social en el que nos desarrollamos en el marco de las interacciones de una red nodular probablemente galáctica.

Nuestros hogares ya no serán celdas como las de las primeras ciudades, sino lugares holísticos conectados al exterior planetario, con un nivel hasta ahora desconocido en nuestra humanidad. Aún somos incapaces de pensar hasta qué punto la tecnología y la biotecnología cambiarán nuestras vidas.

Nuestros conocimientos sobre los cambios de materiales que se producen ya en la construcción de nuestros habitáculos, como las estructuras hechas con metales y la combinación con todo tipo de cementos y materiales utilizados en otros tiempos, han aumentado la diversidad y los colores de las ciudades y las han convertido en una acumulación de información del sistema. De este modo, se combina la experiencia del pasado. Podemos comprobarlo en sitios donde encontramos iglesias y casas de piedra construidas hasta el siglo XIX, donde el acero tiene poca importancia pero donde también encontramos, en el otro extremo, edificios futuristas recubiertos con cristal y acero.

Estos últimos consisten en cambios revolucionarios en el diseño y la construcción de estructuras para el hábitat humano. Puede que en un futuro no demasiado lejano los materiales inteligentes que se utilizarán en la Luna y en Marte, así como en otros planetas del Sistema Solar, nos ayuden a remodelar nuestras construcciones dándoles una artificialidad inconmensurable.

Hogares diseñados para ser resistentes se clonarán por todos los rincones del mundo, hogares en todos los continentes, hogares en todas las latitudes, hogares en el fondo del mar, subterráneos, burbujas aéreas. Aunque las condiciones extraterrestres no son las de la Tierra, la clonación de servicios será indispensable.

Es obvio que para poder sobrevivir en un planeta de un sistema solar que no sea el nuestro, o bien cambiamos nuestra estructura fisiológica o bien necesitamos generar las condiciones de nuestro planeta. En este proceso, son importantísimos la vivienda y el conjunto de edificios que nos permitan producir y reproducir nuestra vida, sobre todo alimentos y producción de bienes. Se trata de reproducir el sistema Tierra en Marte o, cuando seamos transhumanos, transformarnos en organismos distintos y adaptados a las nuevas condiciones.

En el punto donde está nuestro desarrollo tecnológico en la actualidad, ya hay propuestas para ir a Marte, planeta que se piensa colonizar en el transcurso del siglo XXI.

La terraformación es el concepto que se ha dado a la generación de condiciones parecidas a la Tierra en otro planeta. Para la colonización, mientras no haya autotransformación biológica, es necesario un proceso de cambio de las condiciones actuales de ese planeta. Las fundamentales, tal como indican los expertos en exobiología, serían el calentamiento de la atmósfera con perfluorocarburos, además de su hidratación, como consecuencia del deshielo marciano y de hacer emerger y producir especies para que los sistemas tróficos se pongan en funcionamiento y el planeta se autorregule, tal como pasa en Gaia.

Es muy probable que la vivienda sea un factor fundamental y su evolución marcará, a la vez, la forma de evolucionar. En un primer momento, como no hay una atmósfera como la nuestra, todas las viviendas deberían ser estancas y presurizadas. En ese sentido, en todas las aproximaciones del inicio de la colonización que se llevan a cabo siempre vemos representaciones de viviendas pequeñas y esféricas. Estas cúpulas, ya bien desarrolladas en el planeta Tierra, podrían elaborarse con materiales poco pesados para trasladarlos y montarlos. Hasta que se pudiera fabricar material de construcción allí, es probable que esa sea la estrategia. Una vez conseguido el objetivo, las viviendas adquirirán el aspecto de las geometrías elementales y, en general, la simetría.

Su diseño iría de acuerdo con las necesidades de las nuevas conciencias y la manera de entender la sociedad multiforme, así como la creación de entornos artificiales. Estos modificarán lo que ahora entendemos por hogar, que es el resultado de la evolución de las madrigueras y los nidos. En el futuro, los diseños inteligentes convertirán el hogar en un sistema inteligente y consciente desde el que podrá intervenirse socialmente gracias a la hipercomunicación.

El mundo visual y de la comunicación a través del pensamiento y nuestras interfaces acabarán con el concepto de vivienda vigente durante centenares de miles de años. Desde la aparición y el control del fuego, este concepto siempre ha sido muy parecido. Ni la revolución neolítica ni la industrial la habían cambiado, pero la socialización de la revolución científica y tecnológica lo harán. O, dicho con más precisión, empezará a cambiar en la transhumanidad cuando esté socializada toda la tecnología de la que hemos estado hablando.

La terraformación sería el experimento para una transición de las viviendas antes de producirse la autotransformación. Un planeta como Marte habitado por transhumanos sería la segunda fase. No podemos o, mejor dicho, aún no somos capaces de evaluar qué pasa por el encéfalo de un transhumano, por lo que resulta difícil aventurar cómo podría ser la vivienda entre especies editadas, modificadas o construidas.

10

¿QUÉ HEMOS COMIDO? ¿QUÉ COMERÁN?

Después de décadas de estudiar nuestro pasado, de conocer las estrategias de supervivencia, no me había parado a pensar en la importancia que la alimentación ha tenido en nuestra humanización. Me pregunto por qué la tecnología había nublado mi manera de entender e interpretar la realidad mediante el registro arqueopaleontológico. Una serie de cuestiones propias del contexto donde vivo me han hecho ser consciente de que había algo que no había colocado en su sitio. En efecto, se trataba de la alimentación: de cómo se adquiere energía del medio, de cómo la selección natural ha actuado sobre los organismos que no se han sabido nutrir de la forma correcta.

Imaginemos que estamos en un momento histórico del futuro, en el siglo XXIII, donde la diversidad transhumana o poshumana es una realidad. Debemos imaginarnos de qué manera lo ha logrado nuestra especie y cómo la transhumanidad existe ya como realidad social y biológica contingente. La alimentación aún es un factor fundamental en gran parte de las especies y paraespecies que hemos fabricado y para los individuos que todavía no se hayan modificado. La alimentación orgánica seguirá siendo seminal para esta transhumanidad, por supuesto, o al menos para una gran parte.

La energía, como la luz y el agua, es suficiente nutriente para alimentar a los organismos pluricelulares, como los vertebrados terrestres. Se necesitará actividad química y, como habitantes del Sistema Solar, nuestra alimentación omnívora se basa en la fotosíntesis. A partir de ese proceso, obtendremos nuestra alimentación de manera directa o indirecta. Nuestros nutrientes se basan en transformaciones fisicoquímicas que podemos metabolizar convirtiéndolos en energía. Es decir, todo tipo de productos vegetales y animales que se encuentran en la cadena trófica. Lo cierto es que, sin energía materializada, todavía no hay vida.

La alimentación actual proviene de una serie de productos que ya son históricos y que al principio eran de proximidad: en Europa, los cereales y el aceite; el arroz, en Asia; el maíz, la calabaza y la patata, en América, etcétera. Se trata de productos vegetales fundamentales en nuestra alimentación. Con el paso del tiempo, estos productos y muchos otros se han hecho globales y ahora los consumimos porque ya los hemos plantado en nuestros territorios.

A lo largo del tiempo, se añadió comida de todo tipo a la dieta; ahora tenemos una gran panoplia de alimentos cargados de nutrientes de nuestros territorios, pero también de cualquier otra parte del planeta. La Revolución Industrial y el transporte de materias primas, primero el carbón y el hierro, y, más tarde, el petróleo, aceleraron el transporte de todo lo que producimos y consumimos, entre otros, los alimentos sin elaborar o elaborados. La Ruta de la Seda solo transportaba cantidades ridículas de alimentos, sobre todo especias importantes para el sabor, pero no para sustituir y complementar proteínas básicas.

En el futuro, si no existe la gastronomía como manifestación cultural de la alimentación, puede que eso cambie. Las nuevas tecnologías podrían hacer todo tipo de productos liofilizados, que con solo hidratarlos tuviesen estructura. De hecho, eso ya sucede y es una parte exótica de nuestra dieta. Es un tipo de comida fácil de transportar, poco pesada y que ocupa poco espacio. Por eso se utiliza en las misiones espaciales. A nuestro parecer, en el futuro de los viajes a nuestro Sistema Solar o en viajes interestelares, las provisiones serán de este tipo. Se elaborarán en el momento en el que se necesiten a partir de materias primas almacenadas.

Es muy probable que la introducción de los sentidos y, como consecuencia, los olores y los sabores hicieran emerger la gastronomía en las antiguas civilizaciones. En el futuro, la alimentación seguirá siendo lo más importante para todos los individuos de las distintas especies de las que se compondrá la humanidad. Lo que no sabemos es qué puede pasar con la hibridación y con las construcciones humanas a través de la biotecnología, puesto que se pueden programar individuos que gasten menos energía y que sean más eficientes, como pasa ahora con la reducción de combustible en los coches.

Conocemos las consecuencias de una mala alimentación y también sabemos que, cuando no tenemos apetito, algo no va bien. También que la peor patología social que sufre la humanidad es el hambre: la humanidad ha sufrido grandes hambrunas, tanto de origen climático como consecuencia de conflictos. Europa ha sufrido más de cien episodios, como explica nuestro colega Brian Fagan, profesor de la Universidad de Santa Bárbara, en California, en su libro *La pequeña edad de hielo*.

Eso seguirá así. Todavía ahora, en el siglo XXI, algunos congéneres humanos pasan hambre como consecuencia de las guerras o de las crisis climáticas. Es un hecho que pone a la especie frente al espejo. En un mundo globalizado, la existencia de este flagelo nos debe hacer pensar si realmente merecemos el apellido que tenemos como especie.

El hambre es la patología social y planetaria más importante de la especie. Sabemos que se tira casi un treinta por ciento de lo que se produce y también que, según datos actualizados de la FAO, la Organización de las Naciones Unidas para la Agricultura y la Alimentación, unos ochocientos millones de especímenes pasan hambre. Es incomprensible que el desarrollo de la conciencia crítica de la especie no haya contribuido a solucionar este problema. La humanidad debe plantearse la solución de verdad de la redistribución de la energía y desarrollar conductas socializadoras para que esta aberración no siga presente entre las especies y paraespecies del futuro.

En el futuro mediato, eso debería dejar de ser un problema y los estados deberían ponerlo como objetivo solidario por encima de cualquier otro. La crisis climática, así como la crisis de los modelos económicos caducos como el capitalismo, puede acelerar estos procesos. El tratamiento de esta problemática debería estar al mismo nivel que el de la lucha universal contra el cambio climático. Por cierto, no olvidemos que, en este siglo, el cambio climático afectará a una población de unos mil millones de humanos que viven cerca del mar, por la subida de los niveles marinos como consecuencia del deshielo de los polos. Esta situación también puede provocar la inundación de deltas y zonas bajas, así como la salinización de terrenos costeros, con la pérdida evidente de zonas que hasta ahora están cultivadas, con lo que se retroalimentaría el problema del hambre.

El hambre no solo denigra la capacidad humana de humanizarse, sino que también contribuye a la muerte infantil por enfermedades y patologías de todo tipo, así como al retraso del desarrollo intelectual de nuestra progenie. Hambre y enfermedad están asociadas a desnutrición, analfabetismo y sufrimiento. Un flagelo que no debería existir en el presente y menos en el futuro, o en el futuro del futuro de nuestra especie o especies. Nuestra humanidad debería acabar ya con la falta de una alimentación sana, equilibrada y, sobre todo, suficiente. Esta lacra no debe llegar a la transhumanidad. Del mismo modo, tampoco debería alcanzar nuestra automodificación; sería caótico que incrementásemos la diversidad y que los poshumanos todavía pasaran hambre.

Resulta obvio afirmar que la alimentación es básica para el ser vivo. El intercambio de energía con el medio natural forma parte del proceso vital y la manera de hacerlo marca en muchos de los casos las estrategias económicas y sociales de las comunidades humanas. Los nutrientes que adquirimos con los alimentos son sustancias químicas, ya que son asimiladas y, por tanto, metabolizadas por nuestro organismo. Pasan así a formar parte basal de la cadena de adquisición de energía necesaria para desarrollar nuestras actividades. Necesitamos alimentarnos de manera continuada, para poder reposar y seguir con nuestras actividades productivas y reproductivas.

Los homininos somos omnívoros. Eso significa que consumimos vegetales y animales, y también pequeñas cantidades de minerales. De los productos de la naturaleza, obtenemos proteínas, los hidratos de carbono y las grasas que permiten que sigamos y funcionemos como un sistema vivo. A partir de aquí, consumimos energía en actividades de esfuerzo, mantenimiento, conocimiento y pensamiento.

Es importante saber cómo ha evolucionado la alimentación para así plantear y prospectar cómo se pueden alimentar los humanos y, después, los transhumanos del futuro. Hace más de seis millones de años, nosotros, los primates humanos, tuvimos unos antecesores que eran básicamente folívoros y frugívoros, es decir, que se alimentaban de plantas, raíces, hojas y frutas. Tenemos un pasado lejano de vegetarianos y, por eso, parte de nuestra especie lo ha recuperado en la actualidad. Aunque, hoy por hoy, son una minoría social, no sabemos qué puede ocurrir si la mayoría de la humanidad cambia sus costumbres alimenticias de forma repentina.

Esta anacronía provoca que mientras en países en vías de desarrollo existe este problema de hambre, en algunos territorios, sobre todo en los más desarrollados, cohabitan la mala alimentación y la sobrealimentación. Eso genera que millones de individuos, tanto machos como hembras y con independencia de la edad, tengan sobrepeso o estén obesos. Es decir, que hayan acumulado una gran cantidad de tejido adiposo, que no sirve para nada, y que muchas veces afecta a su salud y calidad de vida. Todo un sinsentido. Quizá este sea un problema que solo se pueda superar socializando la conciencia crítica de la especie.

Esta es una situación que va en contra de nuestra evolución, puesto que este estado provoca enfermedades relacionadas con el peso de los individuos y las ingestas de azúcares y comida basura, que alteran nuestra salud de manera continuada. Es necesaria alguna iniciativa que ponga fin a esta situación; nuestra especie debe concienciarse de que no podemos dejar en herencia una sociedad de consumo irracional.

El sobreconsumo, o consumismo, también incide en el medio, ya que contribuye a su destrucción y a generar productos que alteran los equilibrios termodinámicos del planeta. Sin duda, incide tanto en la tendencia a los cambios como a su aceleración. No se nos escapa que, en general, el consumo animal necesita mucha energía. Un bóvido puede consumir de sesenta a setenta kilogramos de forraje al día para mantenerse vivo y producir unos quince litros de leche diarios. A la vez, de ese animal se obtienen unos quinientos kilogramos de carne para el consumo humano, aunque tarda mucho tiempo en almacenarlos. Además, esos bóvidos contribuyen de manera específica al efecto invernadero con las defecaciones y las flatulencias, que producen una gran cantidad de metano CH_4, un gas que se queda en la atmósfera y que es persistente, ya que tarda decenas y decenas de años en desaparecer. Estamos dentro de un ciclo virtuoso (o vicioso) al que, hasta ahora, no se le veía fin.

RethinkX hace una prospección de la alimentación en el futuro, hasta mediados del siglo XXI, y habla de un segundo acontecimiento en la colonización, domesticación y uso de organismos para alimentarnos. Predice el colapso de la ganadería y la agricultura tradicional de la revolución neolítica y también de la industrial. Los grandes animales serán sustituidos por organismos y microorganismos para obtener proteínas. Eso cambiará por completo nuestra manera de alimentarnos, aunque las proteínas seguirán viniendo de donde siempre han venido. El trabajo biotecnológico cambiará la manera de obtener alimentos, algo que ya ha empezado con la fermentación de precisión.

Como acabamos de plantear, la alimentación procedente de los procesos nuevos por medio de la utilización de microorganismos será aplicable y socializable a mitad del siglo XXI. La disminución del consumo de vertebrados será exponencial a finales de este siglo y, en paralelo, las grandes producciones agrícolas también disminuirán. La transhumanidad será protagonista de una alimentación en la que la inteligencia artificial y la biotecnología guiarán los procesos de obtención de proteínas.

Primero los humanos y, más adelante, los transhumanos estaremos monitorizados para poder conocer en qué estado estamos, qué calorías necesitamos y cuántas nos sobran, de modo que la alimentación, el Internet de las cosas, la inteligencia artificial y la biotecnología se encuadrarán de manera sincronizada en el mismo sistema.

Es importante saber que, ya ahora, disminuye el consumo de carne en las sociedades que se encuentran en el marco de socialización de la revolución científica y tecnológica. Probablemente deba interpretarse como que, a medio plazo, en la medida en que el impacto de la revolución científica y tecnológica se planetice, este descenso alcance niveles exponenciales, aunque todavía falta bastante tiempo para que eso ocurra. Hasta que las comunidades más discriminadas no lleguen a un grado de consumo parecido al que se ha tenido y tenemos las sociedades occidentales y orientales que disponemos de una buena renta, el consumo animal no perderá fuerza.

Volviendo al pasado, para entender qué ha sucedido en la evolución, los especímenes de nuestro género como el *Homo habilis* están asociados ya a modelos de caza y recolección. Eso significa que hace unos dos millones de años ya éramos homininos omnívoros socializados. Por tanto, eso de ser omnívoros no es algo de hace cuatro días, de modo que la humanidad y su sustrato han evolucionado por selección natural hasta conseguir estabilizarse como un omnívoro. Primero, en la dieta prehumana se introdujeron los vegetales, los invertebrados, la carroña y, más tarde, pequeños vertebrados cazados. Al final, la caza de grandes herbívoros entra en acción con el *Homo ergaster* y el *Homo erectus*.

Precisamente, la introducción del consumo masivo de carne en nuestra dieta hace casi dos millones de años fue la responsable del crecimiento de nuestro encéfalo. Según esta hipótesis, llamada del tejido caro, formulada por Aiello y Wheeler en 1995, un encéfalo de grandes dimensiones necesita una buena irrigación sanguínea, más del veinte por ciento total de lo que precisa nuestro organismo. La consecuencia es la disminución de los intestinos. La proteína cárnica se asimila más rápido y, por tanto, se necesita un aparato menos voluminoso para capturar y fijar nutrientes.

La grasa es muy importante y, como afirma Harold McGee en su enciclopedia *La cocina y los alimentos*, además tiene sabor. Con el calor del fuego y el oxígeno, las moléculas se transforman y dan lugar a otras moléculas con olores distintos, nuevos gustos, etcétera.

Nosotros, el *Homo sapiens*, hemos introducido en nuestro proceso evolutivo, sobre todo a partir de los imperios y las civilizaciones, otro concepto dentro de lo que denominamos alimentación: la gastronomía. De este modo, además de ser constitutiva como forma básica de mantener vida, la alimentación también se utiliza para estructurar comportamientos de más complejidad, condicionados por la cultura y la educación social en los hábitos alimenticios.

La cocina fría ha sido la forma de cocinar de los homininos durante el noventa por ciento de nuestra historia. Eso quiere decir que hasta que no supimos controlar el fuego, nuestra dieta de carne animal era directa, sin ningún tipo de tratamiento (no existía la elaboración artificial, lo que los maestros gastrónomos llaman *la elaboración*). Es decir, sin transformación química ni física.

La primera prueba del inicio de alimentos cocinados la tenemos en Sudáfrica, en la cueva Wonderwerk, según una publicación en la revista *Proceedings of the National Academy of Sciences of the United States of America*. Hace un millón de años, el *Homo erectus* hizo uso del fuego para transformar restos de unas piezas cazadas; así lo indican una serie de registros de tipo arqueopaleontológico, como marcas de corte en los huesos y huesos quemados o calcinados. Ignoramos si el fuego se encendió por manipulación de piedras, por golpeo de maderas, por fricción o si se sacó de un incendio natural. Sin embargo, lo que sí queda claro es que se asoció carne animal con fuego, con la finalidad de transformar el alimento. De todos modos, la socialización de la cocina no se haría hasta unos cuatrocientos mil años más tarde.

Los preneandertales y los neandertales eran buenos cocineros y trataban la carne de manera sistemática a través del fuego, como hemos podido comprobar en la cueva del Bolomor, en Valencia, o en el Abric Romaní de Capellades, en la provincia de Barcelona. El fuego como base de transformación del alimento, pero también como estructura socializadora hace entre cien mil y cuarenta mil años. Igual que para sus antepasados, los vertebrados herbívoros, así como los bóvidos, équidos o proboscidios eran platos suculentos y muy apreciados para estos homínidos del Pleistoceno.

El *Homo sapiens* desarrolla la tradición culinaria igual que los neandertales, de modo que estos cazadores y recolectores, además de utilizar tecnologías como el fuego para transformar su alimentación, todavía consumen los productos de proximidad. La diversidad cultural provoca que haya una especialización en los entornos donde se instalan estas comunidades, de manera que nuestra especie socializa el consumo de todo, tanto alimentos vegetales como animales. Así, los organismos continentales de amplio espectro se añaden a los marinos, en un consumo que integra el entorno cercano a la organización de la obtención de recursos necesarios para la supervivencia.

Además, en los periodos clásicos, con la formación de las primeras ciudades y, más tarde, con los grandes imperios y civilizaciones, la alimentación empieza a diversificarse y, si bien los alimentos aún son de proximidad, algunos ya proceden de entornos más alejados. Podríamos decir que nace la gastronomía en el sentido en el que la conocemos hoy en día.

La posibilidad de escoger y la diferenciación social provocan el gusto por lo diferente y empieza una forma humana de alimentarse en la que no solo se valora la cantidad, sino también la calidad y la diversidad. Las técnicas culinarias evolucionan a la vez que las formas de conservación de los alimentos. Los alimentos marinos pueden transportarse fuera del litoral, de manera que, a través de varias modificaciones, se pueden intercambiar. Así, el transporte masivo terrestre y, después, el marino introducen vectores que eran desconocidos para los cazadores y recolectores, que se mantienen mientras conviven con los grupos sedentarios a suspensión temporal.

La evolución de la alimentación a través de conceptos de tipo gastronómico introduce en la sociedad mecanismos de sofisticación desconocidos y ahora apreciados, que la convierten en un estado de aprendizaje cultural, sensorial e intelectual que no habríamos adivinado con los cazadores y recolectores que no conocían el fuego.

Nosotros, los *Homo sapiens*, hemos vivido el gran *boom* de la gastronomía. Y lo ha vivido de manera muy especial mi amigo Ferran Adrià, inventor de la tecnogastronomía, la gastronomía de la revolución científica y tecnológica. Por primera vez, la alimentación introduce la ciencia y la tecnología en la manera de tratar los alimentos con elaboraciones complejas y holísticas a todos los niveles. Una alimentación impregnada de humanidad y que, posiblemente, haya introducido conceptos para la poshumanidad. Para conocer de cerca la historia de la alimentación es muy recomendable leer la *Bullipedia*.

Las tecnologías actuales permiten obtener alimentos, con independencia del clima, del espacio y del tiempo. Todo puede modificarse. La capacidad de producir alimentos cambiando el ambiente en el que hay que producir es una realidad. Los cultivos hidropónicos, los invernaderos, los paisajes modificados con la aportación de agua y abono son una realidad en nuestra cultura, una cultura que fabula con la producción ilimitada.

El consumo de kilómetro cero será posible gracias a la agricultura tecnológica, con la modificación y la edición tanto de espacios como de semillas capaces de reproducirse en condiciones inverosímiles. En ese sentido, la modificación y la edición genética tendrán mucho que decir en la producción de alimentos en la transhumanidad y la poshumanidad.

Todas estas estrategias podrán ponerse en práctica en lugares cercanos del planeta Tierra, como por ejemplo Marte, donde los procesos de terraformación podrán dar lugar a una atmósfera marciana capaz de permitir la producción trófica una vez se generen unas condiciones como aquellas de las que disponemos ahora mismo en la Tierra.

La generación de atmósfera, luz, agua y calor es básica para la fotosíntesis, la forma más elaborada para la producción orgánica. Nosotros los humanos, ahora, y los que vendrán somos heterótrofos, es decir, que vivimos del trabajo de los autótrofos, que descomponen analíticamente los restos y preparan la naturaleza al inicio de la cadena trófica.

A distintas escalas, la alimentación necesaria para la evolución humana y transhumana pasará al dominio científico-tecnológico, donde se tratará como sistema estratégico. La vida fuera del planeta debe producirse en colonias que dispongan de la producción del alimento.

La producción de alimento permite establecerse en los espacios solares e interestelares, lo que asegura la reproducción de los transhumanos. Sin una estrategia alimenticia como la planteada, ocupar el cosmos será difícil. Así, debemos pensar que la producción autóctona y la red de alimentos formarán la cadena principal de la ocupación de los espacios interestelares. Por último, la comida de proximidad facilitará la colonización de las galaxias.

11

MOVIMIENTO Y TRANSPORTE

Es muy pertinente empezar este capítulo con una cita de Kant, extraída de su obra *Principios metafísicos de la ciencia natural*. Es sencilla, contundente y esclarecedora: «El movimiento de un objeto es la modificación de sus relaciones con referencia a un espacio dado».

El ser humano ha creado grandes obras e infraestructuras de todo tipo para asegurar la movilidad. Y, en eso, hay dos conceptos que mandan por encima del resto: velocidad y seguridad. A lo largo de la historia de la humanidad, se ha pasado de caminos y vías a autopistas. En cualquier caso, lo importante es tardar lo mínimo posible en ir de un punto a otro. Eliminar el espacio, reducir el tiempo de trayecto y, también, conseguir la mayor comodidad posible. Cuando nuestros antecesores salieron de África, tanto los de nuestro género, el *Homo ergaster*, como más tarde el *Homo sapiens*, no disponían de vías de comunicación artificial, de manera que estas vías se establecen cuando ya hay nodos de producción e intercambio de productos. Eso pasa en el Neolítico, hace entre diez mil y ocho mil años, a causa del aumento de la necesidad de construcción de edificios, de templos o santuarios, de lugares de transformación de los alimentos, así como de protección. Entonces fue necesario crear infraestructuras como caminos, calzadas, vías, pavimentos de piedras, limpiezas del terreno, puentes, túneles y terraplenes. Estamos ante la antropización del planeta.

La existencia de estas infraestructuras también obliga a mantenerlas. Por eso, el mundo cambió cuando se construyeron las primeras infraestructuras de comunicación terrestre, que, junto con la navegación de cabotaje, permitieron que el tiempo para transportar mercancías, así como información, se fuese acelerando. Era el tiempo de la aurora del pasado del futuro y, con la Revolución Industrial y el movimiento aéreo posterior, el transporte ya se convierte en sistemático.

Hasta entonces la utilización constante de senderos trazados por el paso de los homínidos o por animales eran las vías naturales de circulación. Si eran de largo recorrido, como sucede ahora con el tránsito terrestre donde son necesarias las gasolineras, los senderos tenían que pasar necesariamente por puntos de agua; hacía falta aprovisionarse para seguir. De hecho, los ríos eran arterias naturales que en muchos casos facilitaban el viaje, ya que sus orillas ofrecían espacios para poder circular siempre que no hubiese una vegetación demasiado espesa, como en las selvas. Así, es posible que hubiese rutas más o menos establecidas, tal como pasa con los animales cuando migran de manera estacional.

Ahora nosotros vamos sentados en nuestro vehículo, al que podemos dar una serie limitada de órdenes o programar una ruta que el GPS consigue que sea reconocible sin ningún esfuerzo. Basta con que estemos atentos a la voz agradable de un homínido u homínida que nos guía a través del altavoz del mismo vehículo. Y, en un futuro cercano, ya no tendremos que preocuparnos del volante, ni de los frenos, ni del acelerador. Todo será automático, solo hará falta programarlo. Eso todavía es experimental, pero, en poco tiempo, se socializará, será exponencial.

Escuchamos en la radio —descargada de la red— la última edición de clásicos, una de las tantas y fantásticas colecciones de las que se puede disponer. Parece que solo nos movemos, pero es más que eso. Se trata de tecnomovimiento. Subimos al avión, nos sentamos, nos abrochamos el cinturón, la pantalla se ilumina y nos explican los protocolos, después podemos escoger —siempre que la compañía sea buena o viajemos en *business*— el tipo de espectáculo, juego o actividad que haya en el repertorio. También podemos escribir, resolver problemas o establecer comunicación por la red, entre otras cosas, mientras nos movemos por las alturas. Esta es nuestra forma actual de tecnoviajar.

Algo está cambiando y seguramente cambiará más en un futuro no tan lejano, y todavía mucho más en el futuro lejano, en el futuro del futuro, cuando las humanidades transhumanas y poshumanas descendientes del *Homo sapiens* se hayan adaptado al teletransporte. Planteamos quimeras que ahora mismo solo se encuentran en la ciencia ficción, pero no hay duda de que la forma de movernos por el espacio-tiempo cambiará mucho. No sabemos ni podemos disponer de ningún elemento que nos permita estar del todo seguros de lo que decimos pero intuimos, por un lado, y estamos convencidos, por otro, de que eso irá muy rápido, mucho más que ahora, por osado que pueda parecer.

No sé si el lector se ha preguntado alguna vez por qué no podemos quedarnos quietos. Vamos arriba y abajo, nos dirigimos al norte, al sur, al este y al oeste, estamos en movimiento constante. Esta actitud ya nos habla de un organismo que basa su adaptación, reproducción y mantenimiento de la especie en este movimiento incesante. Desde que somos niños o niñas no nos detenemos, cuando empezamos a caminar, aún menos, pero antes de que eso se produzca, ya nos arrastramos o gateamos por el suelo para podernos desplazar. Y da igual hacia dónde, la cuestión es estar en movimiento. El estado de inmovilidad solo se consigue cuando estamos muy agotados y nos hemos quedado sin energía. Si no es así, nuestra progenie falla. Cuando no nos movemos es mala señal, hay algo mal en el sistema. Nuestra estructura necesita movilidad.

Eso es algo que está inscrito en la memoria de nuestro sistema vegetativo, y nos pasa lo mismo con todas las formaciones sociales y sistemas económicos que hemos construido y constituido a lo largo de la historia. Todo se intercomunica, porque en esta intercomunicación está la capacidad humana de sobrevivir en el marco terrestre; transportar energía, materia o conocimiento de un lado a otro. Generar redes cada vez más complejas por donde se intercambia, se comercia, se transfiere información, por donde fluctúan personas y animales.

En la actualidad, todo lo que planteamos para conectarnos lo aglutinamos en el concepto *infraestructuras*, es decir, las estructuras que están en la base. Desde que evolucionamos con rapidez —desde el siglo xx—, hemos añadido las vías marítimas y las autopistas aéreas. Sea como sea, no paramos de movernos y generar todo tipo de artefactos que permiten que estos movimientos sean continuos. Como todo, lo hacemos de manera acelerada y exponencial; si no, ya no nos sirve.

No solo nos movemos para trabajar, transportar y explorar, sino también para viajar, por ocio: para divertirnos. Menciono este fenómeno porque si no, no se entendería lo que queremos explicar de nuestro futuro viajero. La movilidad, insistimos, es intrínseca a los seres vivos como nosotros. Solo la muerte acaba con nuestra movilidad.

No obstante, siempre que analizamos nuestras estrategias como humanos para hacer prospección del futuro debemos tener en cuenta las emergencias que se producen en el marco de la evolución. Muchas son imprevisibles, por efectos mariposa o por cambios exponenciales que hacen bascular nuestras relaciones sociales. En cualquier caso, harán siempre difícil nuestra capacidad de predicción sobre la movilidad de la humanidad evolucionada y la de la transhumanidad.

La emergencia, la creatividad y la sincronización de conocimientos generan situaciones que a veces no son planificadas y, de manera azarosa y por cambio de inercias, se adquieren comportamientos nuevos. Teniendo en cuenta todo lo que hemos dicho, también debemos pensar que hay sistemas y estructuras fundamentales que varían poco y que son las responsables de nuestra adaptabilidad.

El movimiento de los astros, el movimiento de la Tierra, el movimiento del mar o el movimiento de los seres vivos son una expresión de que el espacio vivo necesita ese movimiento permanente para poder existir y reproducirse. La vida es movimiento, y este puede ser de rango bajo, medio o alto. Sin embargo, al fin y al cabo, constatamos movimiento perpetuo e irreversible en el espacio-tiempo. Nada está detenido. Es el *E pur si muove* («Y sin embargo, se mueve») de Galileo.

El movimiento es intrínseco también y, sobre todo, en los animales. Incluso los vegetales, al crecer, se mueven, el viento también hace posible que sean dinámicos. Nada vivo permanece quieto. Si no se está en suspensión, no mantenerte quieto evita la muerte. Es necesario conseguir alimento (obtener energía del medio), y eso se logra con movimiento, continuo o discontinuo, un factor que no deja de ser fundamental. Sabemos que este movimiento se efectúa en tres grandes medios: por tierra, en la litosfera; por mar, en la hidrosfera; y por el aire, en la atmósfera; pero, en efecto, la litosfera ha sido durante centenares de miles de años el espacio básico para el movimiento de los primates humanos. Eso es objetivo.

Por tierra hemos construido caminos desde la prehistoria, todos los imperios han tenido vías para moverse, la invención de la rueda hizo fundamental adaptar las vidas terrestres a ese tipo de transporte. Para ilustrar lo que decimos, solo hay que pensar en cómo los romanos, hace dos mil años, construyeron centenares de miles de kilómetros de calzadas para acercar Roma, capital del Imperio, a todos los territorios con facilidad. Solo la red principal tenía unos ciento veinte mil kilómetros, y si le añadimos las secundarias, tenemos una red espectacular que cubría desde el oeste europeo hasta Oriente Próximo y todo el norte de África. Calzadas de uso militar y comunicaciones, pero también transporte de mercancías, aunque estos también se efectuaban, y a más velocidad, por mar, por donde ya habían circulado naves desde la época neolítica, hace más de ocho mil años.

A partir del Neolítico, los ingenios artificiales empiezan a surcar las aguas marinas. Los descubrimientos de las canoas de Pesse, en Holanda; Dufuna, en Nigeria, y

Kuahuqiao, en China, todas anteriores a 7500 a. C., así lo testifican. Solo en el último centenar de años surgen ingenios por el aire, pero la litosfera, la hidrosfera y la atmósfera son los medios por donde se desplazan la humanidad y el futuro. Y eso se ensanchará en el espacio del Sistema Solar y el interestelar. Se trata de un cambio de fase que justo acaba de empezar, con satélites y robots que enviamos fundamentalmente a nuestro sistema. Solo algún artefacto humano se ha enviado más allá: los Voyager 1 y 2, en el siglo XXI, ya han superado la heliosfera y han penetrado en el espacio interestelar. El primero, en 2012, fue el primer artefacto hecho por *Homo sapiens* en conseguirlo.

Ahora, gracias a la movilidad espacial, el satélite Kepler ha enviado una información alucinante sobre un exoplaneta que está a seiscientos años luz, un planeta que es 2,5 veces el radio de la Tierra, con agua y unas condiciones de temperatura entre -11 y 27 grados, que tarda en hacer la órbita a su sol doscientos ochenta y nueve días. La cuestión es cómo llegar. Está muy lejos para los ingenios de los que disponemos hoy en día, y tardaríamos miles, incluso centenares de miles de años, dependiendo de adónde quisiéramos llegar. Pero que no cunda el pánico: el Observatorio Europeo Austral (ESO, según la sigla en inglés) ha descubierto un exoplaneta a solo cuatro millones de años luz. Confío en que eso relaje al lector.

El problema es la forma de propulsión y transporte. Ahora mismo, la máxima velocidad estándar que hemos conseguido para salir de la atracción de la Tierra gracias a la impulsión por cohetes es la del Saturno V, con veintiocho mil kilómetros por hora, pero surgirán tecnologías que permitan estos viajes, con mucha probabilidad en el próximo siglo, quizá incluso este.

Debemos detenernos un momento en este punto. Por tierra, los trenes o artefactos que viajen en suspensión, evitando así el frotamiento (ahora todavía escasos), serán comunes; el uso de imanes, el magnetismo y volúmenes preparados para encapsularnos nos permitirán viajar al doble e incluso al triple de velocidad de la que viajamos hoy. Los Hyperloops serán estructuras en malla que se extenderán por los continentes a una velocidad exponencial de hasta mil kilómetros por hora. Eso hará cambiar radicalmente los tiempos de los trayectos y, por supuesto, la forma de viajar del presente.

Desde el descubrimiento de las aeronaves, la comunicación por aire también ha avanzado de manera exponencial en la capacidad de transportar. Millones de especímenes humanos se elevan en los más de cien mil vuelos diarios. Centenares de miles de especímenes podemos estar en el aire cualquier día de la semana, y lo mismo pasa con los centenares de miles de toneladas de mercancías que nos sobrevuelan la cabeza de manera incesante.

Aunque todo lo que estamos explicando es poco si lo comparamos con el futuro cercano, con la socialización de los drones. Centenares de miles, quizá millones de esos artefactos sobrevolarán los espacios aéreos transportando humanos y mercancías acelerando el tiempo de llegada y de entrada de productos y también, como hemos dicho, de personas. Lo que hemos relatado es el futuro inmediato y mediato. Hablamos de las autopistas del aire y de los nuevos artefactos autónomos y sin conducción física, que ocuparán cada vez más las carreteras y las calles cuando estén socializados, en unas decenas de años. En esta revolución ya no serán necesarias las ruedas ni las grandes infraestructuras de despegue o aterrizaje.

En cuanto a los movimientos espaciales, estos viajes serán menos espaciados y más sistemáticos, y la combinación de naves y sondas se aliará con la capacidad de los nuevos artefactos para observatorios astronómicos. Es así como se podrá ensayar el futuro de los viajes interestelares, para los que la base estratégica será la disminución del tiempo de los traslados. La tendencia a la reducción del tiempo de transporte o incluso su eliminación será la base de las dinámicas en el futuro del futuro de los transhumanos y de los poshumanos.

La evolución funciona siempre de la misma manera: en primera instancia, los ingenios que fabricamos son escasos y, a la vez, ridículamente representativos de nuestro intercambio de energía con el entorno; más tarde, pasan a crecimientos exponenciales que transforman nuestra forma de adaptarnos, y nos conceden nuevas creaciones mejores y con más ventajas adaptativas. Eso pasa en todo, también en la movilidad y el transporte.

Así, desplazarse es una necesidad humana de primer orden y las especies del futuro dependerán de las estrategias tecnocientíficas que haya para cambiar de espacios en un tiempo cada vez más reducido. Viajar utilizando explosivos nucleares, láseres de alta capacidad para impulsar o, en el futuro de los futuros, utilizando los pliegues de la curvatura del espacio-tiempo. Si queremos llegar a Alfa Centauri, que está a 4,5 años luz, debemos viajar en estándares relacionados con esta constante.

Tampoco debemos olvidar que la búsqueda de materias primas indispensables para la construcción de las sociedades, independientemente de las conciencias y las especies, seguirá siendo una preocupación y un motor de organización de las sociedades de la poshumanidad. Y eso también provocará movimiento y desplazamientos.

El conocimiento de otras realidades, el ocio, los flujos de especie (o de especies) serán constantes, y eso no se modificará de manera sustancial. Si esta hipótesis es correcta, es probable que el conocimiento de mercancías, materias primas e información crezca exponencialmente y de forma indefinida, hasta que haya una ruptura del contínuum que ya se ha establecido. Y así, en el futuro de los futuros, emergerán nodos interestelares que harán las funciones de los nodos logísticos terrestres actuales.

Como siempre, los cambios de fase llevarán nuevos planteamientos de la especie, o siendo más preciso, de las especies, en un momento en el que las conciencias operativas plurales, tanto terrestres como extraterrestres, se someterán a las leyes del universo, no solo a las del planeta Tierra. En este horizonte de los acontecimientos, nuevas emergencias endógenas y exógenas se encargarán de dar más diversidad dentro de la unicidad y la variabilidad de esta transhumanidad que vislumbramos.

Y, hablando de movilidad y transporte, no podemos acabar sin hacer una mención más de ciencia ficción. Hablamos del teletransporte. No en vano las imágenes que hemos visto en series televisivas en las que es posible viajar de un lugar a otro abriendo una grieta en el espacio-tiempo son una ficción que nosotros contemplamos como una realidad plausible en el futuro del futuro. Desintegrar la materia y reconstruirla después del viaje es, por ahora, un hecho impensable, pero hablamos de quimeras que pueden dejar de serlo en el futuro de futuros.

Si el mundo avanza a esta velocidad exponencial un tiempo más, en el periodo de desaceleración o de estasis que vendrá, estas formas de viajar y transportar materia serán ya parecidas a la energía. La velocidad de la luz (o quizá una velocidad todavía más rápida) se puede convertir en una unidad de tiempo real para moverse por las estrellas.

Si los agujeros de gusano o las puertas estelares existen, el mundo del futuro y su movimiento en el espacio-tiempo comprimido será un mundo real. Un mundo de difícil comprensión, pero el movimiento es universal, como todo lo que hemos explicado en el libro, y los universales lo son con independencia de los transhumanos (que incluso pueden ser ubicuos, probablemente inmortales, sin importar el tiempo en el que vivan).

Así, el movimiento está ligado al espacio-tiempo convertido en una sola dimensión. Es cósmico y reside, como hemos planteado, en las dimensiones que nos han construido y nuestro entorno. Sin movimiento no existiría la diversidad. Pero cuando podamos modificar el espacio-tiempo, la capacidad de movimiento será de otro orden y colocará a la transhumanidad en la posición de poder desplazarse de manera indefinida y atemporal.

Como en todos los aspectos que abordamos de la transhumanidad, todo o casi todo será inconmensurable. Pervivirán los movimientos antiguos, las formas de transporte tradicionales, con las nuevas maneras que asegurarán una movilidad muy diferente de aquella a la que los terrícolas actuales estamos acostumbrados. De todos modos, lo que ocurrirá con la transhumanidad lo vemos ya ahora, aunque no tenga nada que ver con lo que presumiblemente llegará. Hoy, en el planeta utilizamos desde aviones supersónicos a ingenios de tracción animal. Conviven con la diversidad diacrónica y sincrónica, aunque a primera vista sean un anacronismo. Con todo, no estoy seguro de que la diversidad diacrónica sea un medio para recuperar la memoria del sistema en el caso de que esta se perdiera.

12

EL CLIMA DEL FUTURO HUMANO

Nos situamos en 2019, justo antes de la gran pandemia. Yo estaba de viaje o, para ser más precisos, acababa de llegar de un viaje al golfo de Áqaba, cuyas aguas bañan las costas de Arabia Saudí, Jordania, Israel y Egipto. El caso es que, en el sur de Jordania, me impactó mucho el desierto de Bajdah, en la región de Tabuk. Por allí han circulado personajes míticos. Moisés, que en ese lugar habló en boca de Dios y dio a conocer las tablas de la ley a su pueblo durante el Éxodo de Egipto, en la búsqueda del paraíso terrenal. Lawrence de Arabia, colega arqueólogo, que en 1910 recorrió esas tierras con una expedición del Museo Británico y que después vivió en Arabia, donde, en una particular peripecia colonialista, fue aliado de los árabes contra los otomanos, a principios del siglo xx. Realmente no está mal el contexto histórico de estas tierras de nabateos, muy conocidas por Petra, la ciudad de piedra, ubicada en Jordania, muy cerca del norte de donde nosotros prospectamos.

Una vez en casa, el clima seguía siendo seco, como lo es ahora, y como en esas tierras desérticas situadas ante el monte Sinaí. Pocos días después, aparte de la sequía, hubo temperaturas anormalmente altas en todo el continente europeo. Por ejemplo, cuarenta grados en París.

Viví en esa bella ciudad francesa un par de años, a principios de los años ochenta, y nunca llegamos a esos registros. Un año seco, en algunos lugares extremadamente poco lluvioso. Aunque 2019 no es el único de la serie de años que se registran con estas condiciones. Ya en 2017, dos sucesos me hicieron reflexionar en profundidad sobre los meteoros y el clima. El primero fue que la fuente del monasterio de la Sierra, en la sierra de la Demanda, en Burgos, a mil doscientos metros de altitud, prácticamente dejó de manar. Y el otro, que en la fuente de Ongamar, en el término municipal de Atapuerca, a unos mil metros de altura, pasó lo mismo. Por tanto, hablábamos de una sequía, una realidad de cambio contrastada y preocupante, al menos a una escala regional. En el momento de revisar este manuscrito, en 2024, Cataluña entra en fase de emergencia por escasez de agua.

Estos cambios afectarán a las cadenas tróficas si, como parece, los ambientes más secos y el aumento de la temperatura son persistentes. Además, por lo visto, tienen tendencia a ser continuados y a generar mucha inercia por acumulación de acontecimientos secos y calurosos. Lo que está pasando no parecen ciclos cortos, sino una tendencia de cambios estructurales.

Yo mismo pude comprobarlo personalmente en agosto de 2019. Ese verano no encontré ningún hongo de calabaza (*Boletus edulis*) ni ningún rebozuelo (*Cantharellus cibarius*). El bosque de pinos semialpino de los Pirineos orientales (*Hylocomio-Pinetum catalaunicae* y *Buxus quercetum*) del valle de Ribes, en la provincia de Girona, estaba muy seco. De todos modos, hay que decir que no estaba todo perdido: debo reconocer que, en los robledos, sí encontré alguna carbonera (*Russula cya-*

noxantha), que había brotado después de la escasa lluvia de julio.

¿Cómo podemos no estar preocupados por el cambio climático? Aunque algunos primates poco evolucionados sigan diciendo que no tenemos razones para estarlo, no hay que hacer caso a la ignorancia de ciertos especímenes anacrónicos de nuestra propia especie. Ya sabemos que nosotros no somos los responsables directos de este cambio; las variaciones y oscilaciones climáticas en el planeta se han producido históricamente cuando nuestra familia de homininos todavía no existía. Es obvio que entonces nosotros no podíamos ser los responsables directos, como tampoco lo somos ahora. Pero sí es verdad que los humanos intervenimos en la aceleración de la tendencia. Eso es ya incontestable. Todos los datos de los sensores dedicados a medir gases con efecto invernadero así lo indican. En esta ocasión, pues, tenemos una gran responsabilidad en la pérdida de equilibrio en el sistema termodinámico.

A veces nos creemos más importantes de lo que en realidad somos; hemos confundido singularidad humana con petulancia, pero una cosa no tiene nada que ver con la otra. De todos modos, esta vez sí que es así: no podemos olvidar nuestra responsabilidad con lo que está pasando en el planeta. Según la Organización Meteorológica Mundial (OMM), que depende de la ONU, hemos alcanzado las 403 ppm (partes por millón) de CO_2. La carrera desbocada por el consumo de energías fósiles nos ha llevado hasta aquí. En tan solo sesenta años, hemos incrementado 100 ppm.

Lo que ahora ocurre es que sí nos hemos convertido en un agente que hay que tener en cuenta, de modo que nuestra contribución, por pequeña que sea (y en este punto deberíamos revisar esta cuestión), sirve para que los equilibrios que se producen en el sistema termodinámico' de la Tierra se rompan y se aceleren los procesos que ya están en marcha. Como veremos, esta aceleración puede acarrear enormes consecuencias prácticas en la vida de todas las especies y, de manera directa, en la nuestra, por la rapidez con la que se produce. Ya sabemos que los grandes cambios del Pleistoceno tuvieron gran impacto en las poblaciones humanas. En ese sentido, mi colega y amigo Clive Finlayson, director del Museo de Gibraltar, ha sido uno de los promotores de la teoría de que las continuas pulsaciones alternantes del estadio isotópico 3 (MIS3) fueron las responsables de la pérdida demográfica exponencial de la población de neandertales.

Debemos insistir y dejarlo claro: esto está pasando de forma objetiva. Pero también debemos reflexionar sobre la importancia que tendrán estas transformaciones en la vida de nuestra especie. Y, en este punto, quiero poner énfasis en el hecho de que hemos planteado ya nuestro colapso, pero no hablamos de la extinción. En algunos casos, a escala local o regional, los *Homo sapiens* se pueden beneficiar de estos cambios. Me refiero a algunos grupos y economías. Pero debemos tener en cuenta que, en la actualidad, todo está planetizado, por lo que los cambios estructurales y sistémicos afectan a toda la población humana y, por descontado, al reino animal y vegetal; en definitiva, a todos los seres vivos del planeta. Podemos encontrarnos con la paradoja de tendernos trampas a nosotros mismos sin prever las consecuencias.

Así pues, el cambio climático es un buen motivo de preocupación. El clima, la ecología y la alimentación, que están fuertemente correlacionados, son esenciales para todos los seres vivos, y nosotros pertenecemos al reino animal. Los periodos de hambre en Europa en la pequeña Edad de Hielo, entre 1300 y 1850, son una ilustración de lo que ocurre cuando se enfría el planeta, al contrario de lo que está sucediendo en la actualidad. El libro del colega Brian Fagan *La pequeña edad de hielo*, publicado en el año 2000 (una obra que ya hemos citado y que recomiendo vivamente a los enamorados de la historia de la ecología y de la alimentación), nos permite entender cómo funciona esta correlación y cómo nos afecta como seres vivos. Pequeños cambios en las cosechas pueden producir hambre; grandes cambios pueden ser desastrosos para la especie.

Hablamos de efectos mariposa de gran trascendencia, presiones selectivas que generan contradicciones sociales de amplio espectro y que influyen en la marcha de las comunidades humanas, puesto que se trastocan tanto las relaciones sociales de producción como las de distribución. Se generan dinámicas de especie que rompen las inercias de los sistemas establecidos. La incidencia de estos efectos mariposa, tanto endógenos como exógenos, tiene una importancia que, hasta tiempos recientes, los historiadores, biólogos o culturalistas no contemplaban: muchas veces se establecían visiones muy reduccionistas de la realidad. Estas visiones hacían incomprensible la estabilidad o la inestabilidad estructural de las formaciones sociales. Precisamente nuestro interés por la autoecología humana ha hecho cambiar la interpretación de los hechos históricos, que se han convertido en una parte de esa autoecología, en muchos casos determinante de la historia evolutiva de nuestro género.

Así, la realidad es que hacemos bien al preocuparnos por los cambios climáticos del presente, ya que nos afectan de forma muy directa en la actualidad, nos afectaron en el pasado y, por descontado, lo harán en el futuro. En muchos casos, el clima del planeta y sus alteraciones bruscas han provocado las grandes extinciones masivas que hemos sufrido en la Tierra. El clima condiciona la vida de la humanidad y, si no se produce una buena socialización de la revolución científica y tecnológica, puede llegar a determinarla. Esto no es una advertencia, sino una realidad tristemente vigente.

En su libro *Breves respuestas a las grandes preguntas*, Stephen Hawking responde a la pregunta de cuál es la amenaza más grande para el futuro del planeta con estas palabras:

> No tenemos defensa contra la colisión con un asteroide. La última colisión de asteroides fue hace unos sesenta y cinco millones de años y puso fin a los dinosaurios. Un peligro más inmediato es una aceleración incontrolable del cambio climático. Un aumento de la temperatura del mar derretiría los casquetes de hielo y liberaría una gran cantidad de dióxido de carbono. Esos dos efectos podrían convertir nuestro clima en uno muy parecido al de Venus, pero con una temperatura de 250 grados Celsius.

El sistema termodinámico terrestre se alimenta de la entrada de la radiación solar y de la producción de energía del núcleo terrestre. En la actualidad, el planeta mantiene una temperatura mediana suave de quince grados, aunque hay climas extremos con oscilaciones térmicas de cien grados (sesenta grados bajo cero para los climas fríos y más sesenta grados para los cálidos, los polos y el ecuador, respectivamente). Esta temperatura es lo que permite la vida y la diversidad animal en la Tierra, con los invertebrados y vertebrados y todo tipo de vegetales, desde árboles a arbustos y gramíneas.

En contra de lo que se piensa, el efecto invernadero es el efecto básico para que podamos vivir con cierta comodidad en la Tierra. Ahora bien, ese efecto también hace que aumente el calor en nuestro medio atmosférico, a través del incremento del anhídrido carbónico (CO_2). Este gas, junto con el vapor de agua, el óxido nitroso (N_2O), el metano (CH_4), el ozono (O_3) y los clorofosfatos son los responsables de la subida de las temperaturas.

Si perdemos masa glacial, como está sucediendo en la actualidad, el efecto albedo (es decir, la capacidad de reflexión de la radiación solar —y, por tanto, de rebotar calor— que tiene una superficie o un terreno), que es de un cuarenta por ciento para las superficies heladas, disminuye de manera exponencial, puesto que su efecto sobre la superficie de la tierra no helada solo es del cuatro por ciento. Eso quiere decir que conservar las superficies heladas es una buena idea siempre que se pueda, como también lo es conservar el gran pulmón de oxígeno que es la Amazonia, por el gran impacto que tiene por la evapotranspiración de la gran masa de plantas que se alojan en ella.

Debido a la mala gestión actual, los problemas a los que se enfrenta la selva amazónica, aparte de la posible pérdida de diversidad cultural, pueden repercutir de manera drástica en las emisiones de vapor de agua y en la producción de oxígeno y hacer que colapse este pulmón de la Tierra y, en paralelo, también en las economías que sostienen su funcionamiento. Si las radiaciones solares no se absorben y tenemos demasiada emisión de calor a la atmósfera, esta se calienta por encima de lo que nos conviene a los humanos.

Ciertamente, el vapor de agua es fundamental y genera el efecto invernadero. Gracias a ese efecto, el agua se descarga en forma líquida cuando se condensa y, cuando hace frío, se congela. Es el ciclo del agua, sin el que la vida tal y como la conocemos sería imposible. Los tres estados de este elemento, en forma de gas (vapor de agua), líquida y sólida (hielo), son parte estructural de la regulación térmica del planeta.

La inclinación del eje del planeta y la distancia más cercana y más lejana a la órbita solar, así como su rotación, marcan de manera severa el clima. Las horas de insolación relacionadas con las estaciones anuales determinan el devenir del planeta y el clima, e influyen en gran medida en los ciclos vegetativos y faunísticos, así como en toda la actividad sísmica y volcánica. Ahora, para completar los parámetros más importantes que intervienen de manera fundamental en la luz, la humedad y la temperatura del planeta, hay que añadirle la acción humana.

En este sistema, los cambios abruptos de humedad y temperatura hacen que los ecosistemas respondan y seleccionen los vegetales y los animales que no están adaptados para eliminarlos o sustituirlos por otras especies que sean ubicuas en las nuevas condiciones. Por tanto, condicionan, y en muchas ocasiones determinan, las poblaciones que hay en las distintas latitudes y altitudes, como ya hemos planteado.

La circulación atmosférica y la oceánica marcan el clima y sus cambios y transformaciones a escala planetaria.

El clima ha ido variando históricamente. Ahora medimos la temperatura y la humedad con estadios isotópicos marinos (mis). Los estadios isotópicos (o estudio de los isótopos de oxígeno) se basan en la proporción de oxígeno-18 y oxígeno-16 que se encuentran en las conchas de los foraminíferos marinos. En la actualidad, nos encontramos en el estadio isotópico 1, que se caracteriza por ser cálido y húmedo si lo comparamos con el estadio isotópico 2, que fue muy frío y seco, y que acabó hace unos doce mil años.

El paso del estadio isotópico 2 al 1, es decir, del frío al calor, no fue continuo. Hubo sacudidas como el *Dryas* reciente, ocurrido hace once mil años y que hizo bajar la temperatura unos siete grados de media, hecho que provocó que los glaciares volvieran a expandirse al máximo glacial de hace unos dieciocho mil años. Estos cambios resultan abruptos y pueden durar hasta mil años, hasta el momento en que, de repente, vuelve el calor al cabo de unas pocas décadas. Estamos hablando de cambios climáticos bestiales a los que el ser humano ha sabido sobrevivir pero que, a la vez, han sido parte muy importante y responsables de nuestras economías y formaciones sociales. La gran revolución neolítica es un ejemplo que lo ilustra a la perfección.

Nuestra especie, que ya vivía sobre la superficie del continente euroasiático, africano y americano, se adaptó al cambio de forma similar en las diferentes partes del mundo: utilizando una de las tecnologías que ya conocía, el fuego; convirtiendo en terrenos cultivables zonas que no lo eran, produciendo cereales, fruta, forraje y criando al ganado. En las montañas, los valles y las llanuras todo se alteró. Cuando generamos excedentes, los humanos empezamos nuestra intervención sobre el medio a través de la producción de la alimentación y la población creció rápidamente. Es en ese momento cuando aceleramos la depredación del planeta.

En efecto, estamos en un momento climático temperado, cálido; dejamos el frío del final del Pleistoceno para adentrarnos en los climas más suaves del Holoceno. Las poblaciones de cazadores y recolectores del planeta, por aquel entonces la única forma de organización social de la especie, empezaron a especializarse, de manera que la ganadería y la agricultura fueron sustituyendo progresivamente la caza y la recolección. El incremento demográfico no se hizo esperar y, en unos centenares de miles de años, pasamos a ser centenares de miles o millones de especímenes y, lo que es más importante, pasamos de las aldeas a las ciudades. Esta compresión poblacional volvió las relaciones sociales más complejas, de manera que el incremento de sociabilidad aceleró la historia de la humanidad, como ya hemos comentado en otros apartados. Así, nos damos cuenta de que nuestra aceleración también está relacionada con el clima y con nuestra forma de producir.

Esa es la cuestión: los cambios climáticos bruscos en economías de cazadores y recolectores compuestas por pocos especímenes no afectaban demasiado. Además, esos pobladores nómadas tampoco contribuían en los cambios del clima. Su actividad económica, su acción sobre el medio natural, si bien era importante en algunas zonas, no representaba nada en cuanto a la afectación climática si lo comparamos con la actividad que llevamos a cabo en la actualidad.

Todo empezó con la Revolución Industrial, con la quema de carbón y, después, con otros combustibles fósiles como el petróleo. Eso hizo que el efecto invernadero aumentase de forma exponencial, algo que no beneficia de ningún modo a las economías del mundo en un futuro inmediato; economías, hay que decirlo, que habían funcionado prácticamente igual por lo menos en los ocho mil años anteriores. Podríamos decir que hoy en día hay una ruptura histórica en las interacciones entre los humanos y el sistema Tierra. En este sentido es interesante leer *La recivilización*, de nuestro colega Fernando Valladares, en defensa de una humanidad consciente.

Eso es lo que sucede y sucederá en el futuro con el cambio climático. Si no se rompen los ciclos de calor, frío, humedad y sequedad de los últimos millones de años, avanzamos hacia una glaciación, es decir, un clima frío y más seco. Es una paradoja, pero hay que tener en cuenta las consecuencias de esos cambios sin demora y actuar, aunque sea tarde y la inercia del sistema ya esté consolidada.

Estos ciclos tienen que ver con la cinta transportadora, es decir, las corrientes termohalinas que rigen el funcionamiento oceánico, que está relacionado directamente con el cambio del clima terrestre. Si se detiene la cinta, los cambios en el planeta serán abruptos y constituirán un grave problema para los habitantes terrestres.

Los océanos contienen el noventa y siete por ciento del agua del planeta y son un motor único, así como una boca de alcantarilla de CO_2 increíble. Los cambios de salinidad y temperatura, que se pueden comprobar y, por tanto, monitorizar para la conductividad del agua, afectan de forma estructural a la inercia de estos grandes contenedores que enfrían y calientan el planeta. Cuanta más sal contiene el agua, más conductiva es, de manera que el agua dulce lo es menos. Así, si se vierte agua dulce al mar de forma exponencial, la conductividad baja. Es así como nuestro colega hidrogeólogo kárstico Adolfo Eraso, que trabajaba en la asociación GLACKMA, pudo confirmar el hundimiento exponencial en los polos, en concreto en la Antártida, ya desde principios de los años noventa.

La vida depende del funcionamiento termodinámico. Si las corrientes que equilibran el calor y el frío entre el Atlántico y el Pacífico se paralizan, nos encontraremos con un cambio climático excepcional, como ha pasado siempre que se han dado esas circunstancias.

Las corrientes termohalinas ya se detuvieron en la última máxima glaciación y las consecuencias las conocemos todos. El hielo se apoderó del norte de Europa y del norte de América. Una parte importante del agua líquida pasó a ser sólida y se incorporó en forma de hielo y de nieve a los continentes. Como hay una cantidad constante de agua en el planeta, eso provocó un descenso del nivel del mar en algunos lugares de hasta ciento treinta metros.

Si eso pasara otra vez, una buena imagen de los cambios sería imaginarnos grandes ciudades como Nueva York o Hong Kong lejos del mar y sin playas. Por el contrario, si sucede al revés y lo que se pierde es la banquisa y hay un deshielo brusco, veremos las grandes avenidas inundadas por el agua, siempre que antes no se hayan construido diques para retenerla. En la actualidad, Nueva York tiene ya problemas cuando hay temporales cercanos en la costa. Así, podríamos decir que estos fenómenos, con seis o siete metros más de altura del mar, serían catastróficos. Si, como se predice, las temperaturas subirán unos cinco grados más de media, por más que los esperemos, los cambios no dejarán de incidir en las vidas de nuestros descendientes más cercanos.

Las proyecciones actuales de la subida del nivel del mar empiezan a arrojar datos escalofriantes; se habla de casi metro y medio a mediados de siglo, en las previsiones más extremas. Es una subida tremenda que debe poner en guardia a la especie, ya que más de mil millones de humanos viven en contacto con océanos y mares. Las inundaciones no solo serán graves para las infraestructuras, sino que también pueden tener efectos catastróficos en la producción de alimentos, como consecuencia de la salinización que aumenta los niveles freáticos. La construcción de barreras y muros, como está pasando ya en Venecia, la posible pérdida de áreas fértiles y la inundación de parques industriales y de infraestructuras de la periferia requerirán grandes inversiones públicas y privadas. Ahora mismo, la Micronesia ya está afectada por la subida del mar y hay que evacuar algunas islas, de manera que sus pobladores se han convertido en refugiados climáticos.

El clima del futuro de la especie o de las especies es, por el momento, desconocido, como las tecnologías que pueden intervenir en la velocidad de los cambios que se producen, acelerándolos o atrasándolos. Aun así, estamos, muy probablemente, al final del clima que hemos disfrutado, es decir, al final del periodo templado tal como lo hemos entendido hasta ahora.

Los humanos, ya transhumanos, del futuro ¿tendrán la posibilidad de cambiar esas condiciones de tipo cósmico? Esa es una buena pregunta para el tipo de reto que se nos plantea, es decir, pensar el futuro de la especie o de las especies. Probablemente, sí: hay una serie de posibilidades de intervención colosales que no se han puesto todavía en práctica.

Así pues, debemos hablar de cómo los humanos tendremos capacidad para transformar el medio y a nosotros mismos en los procesos de exaptación, aunque hoy aún sean conjeturas que necesitarán revisar nuestros congéneres de especie. Quizá el problema lo abordarán ya diferentes conciencias operativas. No será como ahora, fruto del pensamiento y de la acción del híbrido *Homo sapiens*. Con todos los respetos, tengo más afinidad por las multiconciencias y su inteligencia que por la monoconciencia humana actual, aunque hoy existen ya formas de pensar y actuar que tienen un rango de variabilidad que no es nada menospreciable.

Disminuir el contenido de CO_2 de la atmósfera es posible generando actividades que fijen ese gas, como pasa de forma natural en los océanos, las conchas y los exoesqueletos de organismos marinos o las grandes concentraciones de tejido vegetal, selvas y zonas boscosas del planeta. Esta es una actuación que puede ir precedida por el freno en el consumo para la movilidad y por otra forma de alimentación, pero, en cualquier caso, hay que tener en cuenta que eso no modifica la termodinámica del planeta de manera estructural y sistémica.

Dependiendo de las poblaciones y de la demografía del planeta, así como de su forma de consumir energía, este frenazo se podrá llevar a cabo de manera exponencial, de forma que se contribuya a no acelerar más el cambio. Todo esto dependería de una planificación terrestre de la energía y de los recursos de los que disponemos y que están almacenados o en crecimiento.

Un cambio abrupto hacia un aumento del frío muy rápido se podría combatir de manera eficiente calentando el agua de los océanos a través de grandes espejos que proyectaran la radiación solar hacia esos contenedores marinos que nos sirven de reguladores térmicos de alta resolución. Las tecnologías actuales ya lo permiten. El despliegue de grandes paraguas solares no es nada raro en los planes de la ingeniería humana.

Los avances en ingeniería biogenética también nos permitirían la modificación biológica, contribuyendo a generar tejidos adiposos más resistentes o flujos sanguíneos con sangre enriquecida con anticongelante artificial autogenerado, como pasó con los mamuts o, todavía hoy, con especies de caballos que viven en Siberia. Esta sería una buena manera de disminuir el gasto energético de nuestro grupo zoológico.

Un plan más coherente, aunque quimérico y en el marco de la ciencia ficción hasta que la población sea ya transhumana, es mover la rotación de la Tierra. También apartarnos o acercarnos más a la órbita solar, de manera que se pueda intervenir directamente sobre la radiación solar por desplazamiento de la materia.

Pueden parecer soluciones que bordean el absurdo, pero no es así. Estamos jugando con la información y el pensamiento que, en el siglo XXI, cambiará para siempre las relaciones de los humanos con la naturaleza y que, probablemente en el siglo XXII, se socializará e impulsará a los humanos, parahumanos y transhumanos a una dimensión que, por el momento, se puede imaginar, pero no describir ni explicar.

En caso de catástrofe generalizada (esperemos que no ocurra), la humanidad debe estar preparada para salir de la Tierra e instalarse en otro hogar. Al fin y al cabo, somos espacio-tiempo singular, y no debería costar demasiado adaptarnos a vivir en otros contextos que no sean los terrestres. Después de los experimentos que pronto efectuaremos en Marte, se abre una nueva perspectiva para desafiar el clima y el medio que nos ha condicionado desde la noche de los tiempos. Para poder salir de la Tierra habrá que trabajar a fondo en las cuestiones del transporte y el aprovisionamiento, pero también en la producción de alimentos en el espacio planetario que ocupamos. Eso quiere decir que hay que funcionar por olas, como lo hicieron nuestros antepasados cuando salieron de África para colonizar el planeta.

En nuestras existencias como seres diversos que procedemos de una misma cepa biológica y tecnológica, la radiación, la gravedad y otra serie de fenómenos de tipo cósmico que nos han permitido vivir deben poder ser modificados por la selección funcional y tecnológica que implantaremos en nuestras vidas de manera generalizada. Probablemente, el espacio y el tiempo nos harán otra vez diversos de verdad, no en el sentido de una renovación de materiales heredados, sino de materiales autogenerados, en una nueva frase constructiva o quizá destructiva de lo que ahora entendemos por humanidad.

La fusión de los medios transhumanos con la misma naturaleza nos asegura, en la poshumanidad, una nueva forma de diversidad desconocida, que probablemente tendrá una estructura diferente. Un sistema de estructuras con propiedades emergidas que deberán explicarse, como ha pasado con toda la serie de fenómenos que los humanos actuales ya hemos sorteado y superado.

Biodiversos y tecnodiversos, esas son las credenciales de nuestro futuro, un futuro cargado de pasado de nuestro presente, pero que será discontinuo. Un futuro en el que la intervención humana en forma de autointervención y exointervención serán las dos caras de la misma moneda. Seres universales en el sentido del universo, no en el sentido en el que hoy en día formulamos a los *Homo sapiens*, solo como habitantes del planeta Tierra.

Seremos habitantes planetarios. El futuro del futuro hará que lo inconmensurable lo sea en todas las vertientes de la nueva singularidad, emergida de la socialización transhumana en tanto que el paso definitivo a la poshumanidad. No habrá azar.

Y eso no son solo palabras, son intuiciones.

13

LA INTELIGENCIA DEL FUTURO

Aunque los primeros test y pruebas de inteligencia masivas se llevaron a cabo en Norteamérica a principios del siglo pasado, fue en los años sesenta cuando se generalizaron. En los ambientes académicos se hablaba de manera profusa del coeficiente intelectual (CI); eran momentos en los que esos test eran paradigmáticos y se utilizaban para todo. Se nos psicoanalizaba de manera más o menos continua, en una moda que corrió como un reguero de pólvora. Cuantificar la inteligencia era una forma de progreso social.

Como suele ocurrirnos a los humanos, una vez más, reinventamos la rueda. Pensábamos que los coeficientes de inteligencia nos servirían para conocernos mejor, por lo que respecta a nuestro rendimiento inteligente, pero lo que después ha sucedido es que se han utilizado, como casi siempre, para manipular a los individuos de nuestra especie, entre los cuales, como es obvio, me incluyo. La manipulación es una tentación de los humanos poco humanizados, por eso es tendencia en gran parte o en todas las naciones. También es, por desgracia, una expresión de nuestra inteligencia, aunque no tengo claro si en el futuro esa capacidad nos será muy útil o si, por el contrario, puede contribuir a la destrucción humana y transhumana. El tiempo lo dirá. Socializar de manera inteligente la inteligencia artificial generativa y asociativa (IAGA) será un gran reto.

Cuando me sometieron a esas pruebas, a los test de inteligencia, no salí bien parado. Trasladaron los resultados a mi familia, que vio que no eran demasiado buenos, sino más bien pasables tirando a malos, y lo que se desprendía de la nota es que no me recomendaban para el estudio, sino para una formación profesional u otro oficio, que tal vez habría desarrollado con gran tenacidad. Recuerdo que a mi padre no le gustó en absoluto, pero lo aceptó sin decir ni mu, quizá pensaba que no era bueno desanimarme. Ahora, pasados los años, se lo agradezco. He de admitir que nunca fui buen estudiante, aunque conocer y pensar sean para mí lo más divertido de la vida de una persona, lo que más entretiene y desde donde pueden hacerse aportaciones a la especie.

Para ser sincero, debo decir que estudiar no me entusiasmaba. Precisamente el otro día, por casualidad, revisaba el boletín de notas de bachillerato: aprobados y suspensos y algún notable solitario. Entonces estaba ya iniciado en la recogida de fósiles y, más tarde, captaron todo mi interés los ámbitos de la arqueología y la evolución humana y ese tipo de conocimientos.

Tampoco fui consciente de qué significaban en realidad los test de inteligencia, pero era obvio que había compañeros (debemos recordar que, en los primeros años sesenta, en los colegios, las clases se segregaban por sexo y, en mi caso, no había compañeras) que obtenían buenas notas. Pero esos colegas no me daban envidia; nunca he sido competitivo en ese sentido y creo que tampoco en otros. Lo que de verdad quería era ser competente en lo que me gustaba.

Las notas confirmaron que era un mal estudiante. En algo debía de tener razón el test, ya que no estaba hecho de forma aleatoria. Lo que permitía a los expertos conocer nuestras capacidades era una serie de cuestiones, y los resultados se basaban en unas preguntas y respuestas intercaladas con dibujos que después se interpretaban con unas plantillas estándar. Como podemos imaginarnos, eran test universales, independientes del contexto social y económico en el que se aplicaban, y de a quién se le aplicaban. Es probable que fuese en ese punto en el que los test de inteligencia fallaban cuando se generalizaron.

No quiero negar el valor de ciertos experimentos que sirven para poder aproximarse a conductos inteligentes, pero queda claro que no deberían llamarse *test de inteligencia* ni de *coeficiente intelectual*, sino de otra manera. Yo quizá habría propuesto *test de habilidades cognitivas o sociales*. Con el tiempo, me he dado cuenta de que hay una serie de preguntas que configuran realidades que nos vienen construidas, y en ellas podemos situar qué es la inteligencia. Creo que sería mejor. Sé que no soy el primero ni el último que se lo ha cuestionado, pero, si queremos avanzar de manera consistente en este tema, sería necesario que fuésemos muchos.

Con todo, una vez explicada esta anécdota personal, lo que realmente me interesa es cómo la inteligencia se muestra operativa, ya que, en el futuro, eso es lo que nos servirá para sobrevivir y exoadaptarnos. Así pues, lo que ahora me planteo esbozar es qué quiere decir, qué es la inteligencia y cómo funciona. Sin definirla bien, no podemos enfrentarnos a qué es, qué representa y qué significa en la construcción de la humanidad; igual que sucede con la conciencia, el cerebro o la mente. Es fundamental saber de qué hablamos para conocer su emergencia, su génesis y, sobre todo, cómo ha evolucionado.

En este caso es sorprendente cómo el concepto de inteligencia es y será tratado en el futuro. Hemos asistido al nacimiento de multitud de inteligencias, como la seminal, la operativa, la emocional, la social, la lingüística, y ahora la IA, y no seguiré, porque sería interminable. Es interesante cómo, a través de la especialización disciplinaria, hemos llegado a fragmentar los comportamientos complejos humanos en *oikos*, fáciles de abordar, fuera de la red de interacciones de los conceptos globales. El hecho de utilizar métodos analíticos para conocerla nos indica ya la incapacidad de comprender esta propiedad, un rasgo que se puede aplicar a todos los metaconceptos.

En el transcurso de mi vida académica he comprobado que las distintas disciplinas se apropian de la inteligencia para su finalidad. Para explicarnos las singularidades múltiples, en unos cuantos años hemos pasado de un concepto de inteligencia del que solo podíamos disfrutar los humanos a las inteligencias múltiples. Eso ha sido gracias a la disciplinariedad con la que trabajamos. Bien, quizá debemos agradecérselo a las disciplinas que han aplicado métodos particulares desde enfoques muy específicos. El hecho es que, mientras no se integre este conocimiento de forma sintética y sistémica, sabremos muy poco del concepto como globalidad.

Tal vez estas aproximaciones analíticas nos sirvan de inspiración para una teoría de la inteligencia que nos permita hacer con más facilidad las predicciones en especies que todavía no existen, pero que existirán con mucha probabilidad en el futuro. Esa propiedad o cualidad de la materia viva seguramente trascenderá a la humanidad.

Sin embargo, para empezar, para poder hablar de la evolución de la inteligencia, debemos definir qué es lo que entendemos de esta propiedad. Si consultamos una enciclopedia, entre otras definiciones interesantes podemos citar la que escojo a continuación: «Facultad o capacidad para comprender el mundo o las relaciones y tomar conciencia de ello». Esta definición tiene en cuenta dos conceptos fundamentales para entenderla, tanto en otros grupos zoológicos como fundamentalmente en el nuestro: la formación de ideas y su socialización a través de las relaciones que se producen entre especímenes. La noción de idea en tanto que representación mental surgida a partir del razonamiento o imaginación de una persona me parece muy pertinente, puesto que la razón y la imaginación son los conceptos que explican cómo se construye el ser humano. La teoría del animal racional de Aristóteles sustenta esta definición.

Como podrá ver el lector acto seguido, tengo mi propia concepción de esta propiedad, pero es muy importante tener en cuenta las grandes generalizaciones que se producen cuando intentamos explicar metaconceptos como el que hemos planteado. De entrada, este concepto es una propiedad que emerge en la misma naturaleza y desarrollada para dotar, tanto a vegetales como a animales, de una forma de adaptabilidad constante y más compleja; por tanto, para ayudar a la conservación y al aumento de complejidad de las especies. En el caso del género *Homo* es un factor determinante. La inteligencia como factor modulador de la selección natural propia es una estrategia, una adquisición esencial para el crecimiento demográfico de la especie, así como para desafiar el amplio espectro de contratiempos a los que nos enfrenta la naturaleza y que esta provoca.

En ese sentido, el aumento de la complejidad de nuestras relaciones e interacciones no ha dejado de retroalimentar nuestros circuitos cerebrales, por lo que hemos ido aprendiendo a solucionar y plantear preguntas que se han resuelto de manera empírica. Y así ha sido hasta la llegada de la ciencia y el método científico, que han desbordado nuestros conocimientos y han acelerado un pensamiento científico que permite un aumento exponencial de nuestras capacidades intelectivas.

Este incremento también está relacionado con la resolución y la generación de planteamientos y de problemáticas que desarrollamos a través de la inteligencia operativa, al poner en práctica lo que sabemos y lo que pensamos. En este proceso, trasladamos a la sociedad unos modelos de producción de ideas, contenidos e ingenios que nos hacen todavía más complejos, ya que así es como hemos cambiado de manera acelerada nuestra manera de obtener energía del medio.

El método científico es una expresión evolutiva de la inteligencia, de modo que esta ha podido expresarse a través de lógicas, métodos y protocolos que han permitido delimitarla y establecer una definición de manera más categórica.

En mi opinión, la inteligencia es una, es decir, unitaria y única, aunque después se pueda fragmentar de forma analítica para entenderla mejor, tal como hemos dejado ver. Para llegar a esta visión me ayudó mucho un magnífico libro de Jeff Hawkins y Sandra Blakeslee titulado *Sobre la inteligencia*.

La inteligencia es un fenómeno evolutivo singular ligado a la evolución de las conductas y al crecimiento cuantitativo y cualitativo del encéfalo, y está producido por la selección natural, cultural y técnica. Al menos en lo relativo a la inteligencia de nuestro género.

Coincidiendo con el colega Stefano Mancuso, con quien he tenido la oportunidad de discutir sobre el fenómeno de la inteligencia en las plantas, pienso que esta es una propiedad probablemente tanto animal como vegetal; en el segundo caso, basada en la capacidad de asociar, secuenciar, planificar y predecir la realidad. Como el lector ha podido comprobar, he hecho una amalgama de muchas definiciones, dejando de lado otras que podrían ser más adecuadas. Pero, a decir verdad, estoy convencido de que las propiedades o factores que explican esta capacidad son fundamentales, y que sin ellos la inteligencia no existiría.

Desde esta perspectiva, pienso que la inteligencia, aunque se manifieste de muchas maneras, es una, tal como ya he avanzado con anterioridad. Lo que ocurre es que nuestra mente es derivada y construida por las estructuras de nuestras neuronas cerebrales, sobre todo del córtex y neocórtex, de modo que nos permite desarrollar de manera singular todas las propiedades que la constituyen, manifestándose de formas diferentes. Como se acostumbra a decir ahora, es poliédrica.

Ha evolucionado en paralelo a como lo han hecho nuestra morfología y otras capacidades conductuales de las que disponemos; la repetición, la reiteración, la redundancia y el aprendizaje por ensayo y error han hecho que nuestra plasticidad neuronal se incremente y, con una alta probabilidad, que eso haya intervenido en el aumento de esas capacidades. Pensamos que la dicotomía mente-cerebro es un absurdo y, por tanto, somos de la opinión que la inteligencia es una prueba del buen funcionamiento del cerebro y de la elaboración mental que genera, gracias a las interacciones que mantiene con el exterior.

Así pues, una vez definida, ahora podemos abordar el pasado, el presente y el futuro de esta propiedad emergida hace centenares de miles o millones de años. No será fácil señalar su inicio, debido a la complejidad de analizar fósiles del pasado y el registro material. El inicio de la inteligencia, una vez delimitado, será muy difícil de conocer, suponiendo que tal empresa sea posible. Necesitaríamos pruebas empíricas del proceso, y son complicadas de obtener. Si queremos dar un momento de inicio a esta propiedad de la naturaleza, utilizamos los registros arqueológicos y paleontológicos que, a nuestro parecer, son producto de operaciones complejas que hemos hecho emerger.

De todos modos, la inteligencia se relaciona siempre con una serie de conductas del campo de la evolución humana y la operatividad, pero, como ya hemos comentado, la capacidad operativa se da en centenares de miles de organismos más en el planeta. Es decir, no es solo humana, y eso lo complica todo aún más. Lo que sí sabemos es que perseverar en la operatividad hace que la inteligencia crezca, se dimensione y pase a otra escala, tal como hemos explicado.

Su pasado, presente y probablemente su futuro se hallan dentro del marco evolutivo de la humanidad. Los humanos hemos perseverado en la inteligencia como forma operativa desde nuestro inicio como género, y los resultados son conocidos con creces por todos. No podemos comparar la capacidad de planificar y de asociar del *Homo sapiens* con la del *Corvus monedula*, aunque son aves increíbles en cuanto al funcionamiento inteligente. Cuando establecemos comparaciones, prácticamente todo es una cuestión de escala.

No nos hacemos más inteligentes al compararnos con un ave que lo es menos, pero la capacidad evolutiva de nuestra inteligencia y de nuestro cerebro sí se puede comparar con nuestro género y con las diferentes especies que lo constituyen. La operatividad inteligente o la inteligencia operativa de un *Homo habilis* no se puede comparar con la nuestra, pero, dentro de la especie *Homo sapiens*, tampoco podemos comparar la operatividad de hace diez mil años con la actual. A escala individual, podemos decir lo mismo.

No sabíamos leer, no sabíamos escribir, no sabíamos que las matemáticas ordenaban el universo, aún no habíamos salido de nuestro planeta, aunque eso sucedió hace tan solo unas decenas de años. No obstante, somos una especie en evolución hacia la transhumanidad. La humanidad está en tránsito secuencial desde el final de la prehistoria hacia la poshumanidad, es decir, hacia la deshumanización. En este proceso, tendrá una gran importancia el conocimiento del cerebro y su funcionamiento y su fusión con la mente; sin este saber, sería muy difícil hacer el tránsito de transhumanos hacia esa poshumanidad que no hacemos más que preconizar.

Lo que sí parece estar correlacionado es el crecimiento del cerebro y la capacidad de nuestra mente. En especial, el crecimiento del córtex cerebral, en concreto el del neocórtex. Pero hay una cuestión que me he planteado siempre, y es que el neocórtex cerebral y la morfología de nuestro encéfalo, con la misma capacidad que la actual, estaban ya construidos hace más de trescientos mil años, pero no ha habido una relación de complejidad y plasticidad. Eso quiere decir que la complejidad no ha sido sincrónica, sino que ha crecido de manera exponencial gracias a nuestro conocimiento y a nuestra manera de pensar. Cuando nos preguntamos quiénes somos, cuál es el origen de todo, iniciamos las preguntas que configuraron la capacidad de pensar y conocernos a nosotros mismos y a nuestro entorno.

Han tenido que pasar por fuerza una serie de tiempos de repeticiones y redundancias secuenciales en el cerebro (y probablemente conductuales) para que se dispare la capacidad de generar estructuras y sistemas complejos en nuestra especie. Lo que quiero decir es que la operatividad no ha sido solo básica para alcanzar el neocórtex actual, sino que solo la redundancia y la repetición han permitido que el neocórtex sea capaz de construir y memorizar con el resto del cerebro nuestras acciones y conductas, tanto en lo tocante a la relación con la naturaleza como a las interacciones entre nosotros mismos. Un gran éxito. Cómo el cerebro comprende la mente aún es algo mágico, es decir, no está explicado.

La humanidad ha incorporado diferentes tipos de conocimientos que han intervenido sobre la mente de la misma manera que la mente proyectada por nuestro cerebro ha desarrollado formas cada vez más avanzadas de comprensión y de interfaz cognitiva, como la abstracción. La abstracción, el reconocimiento, la repetición y la innovación han sido, son y serán emergencias en las conductas del futuro, como lo han sido hasta ahora. Así, las inteligencias del futuro vendrán acompañadas de propiedades emergentes, pero también de ritmos acelerados debido a la socialización de la IA. El incremento de las memorias de las especies también redundará en la capacidad de procesamiento de los datos, pero no se experimentará solo ese incremento, sino también la velocidad de procesamiento de las situaciones. La monitorización provocará que, en tiempo real, se disponga de informaciones de gran complejidad que las especies del futuro podrán procesar de manera interrelacionada. Se podrá prospectar no sobre modelos, sino sobre procesos reales generados por anticipación, e incluso podrán modificarse continuamente para adecuarlos a las situaciones en que sean necesarios. Los ordenadores cuánticos lo harán posible.

La capacidad de discriminación será una de las características más significativas de la diversidad transhumana. La manera en que las mentes de nuestros descendientes naturales o artificiales sean capaces de eliminar la información no estructurante y seleccionar la que realmente sea necesaria en cada momento de su adaptación regirá la inteligencia, así como su efecto sobre los cambios tecnobiosociales que se produzcan.

Puede que estas nuevas capacidades inducidas desde la biotecnología se conviertan en realidades operativas que harán que los incrementos de sociabilidad sean continuos y no exponenciales, como sucede ahora. Me refiero al hecho de que, cuando lleguen a un umbral, este se mantendrá en una estabilidad estructural hasta que haya cambios de fase. Solo con procesos emergentes ahora desconocidos se podrá saber si la inteligencia en los poshumanos será del mismo rango estructural que la de los transhumanos. Lo que sí está claro es que no será del mismo rango del que dispone hoy en día la humanidad representada por el *Homo sapiens*.

Es probable que se produzca una aceleración histórica que contribuirá a la fusión entre inteligencia y conciencia, que hará emerger una propiedad que nosotros, los humanos actuales, no podemos entender. Una síntesis de capacidades tecnológicas y de pensamiento, a la vez susceptible de producir la síntesis entre conocimiento y pensamiento de forma definitiva. Nuestro encéfalo, por medio de un exocórtex, estará ya preparado para soportar y ejecutar esta maravillosa síntesis.

Es factible que esas sean las claves: la síntesis de inteligencia y conciencia, la síntesis entre conocimiento y pensamiento. Puede que ese sea el marco de futuro de los transhumanos, una destilación en la que la diversidad alcanzará un poder de simplificación de estas propiedades y comportamientos. Será la antesala de la poshumanidad, en la que el cerebro conectado de la individualidad colectiva construirá una memoria cognitiva del sistema sincronizada.

El exoencéfalo y el mismo encéfalo podrán entrar en resonancia, de modo que la fusión que aquí postulamos sea una estructura, un sistema único de capacidades bastante ilimitadas, en el que la información, el conocimiento y la operatividad converjan en una sola estrategia basada, como decimos, en una conciencia operativa. Aunque esta vez a una escala de tipo cósmico.

14

EL SEXO DE SIEMPRE Y EL DEL FUTURO

¿Hay algo más importante que el sexo? Seguramente esta es una pregunta que se puede interpretar desde una perspectiva vulgar, pero no desde una evolutiva. A través del ensayo y error, la naturaleza puso a punto el sistema de la singamia, una genialidad del azar que lo contiene todo.

Nos conviene tener una definición de sexo para poder enmarcar la característica sexual de la reproducción. Por eso podemos describirlo (y así se hace en multitud de diccionarios y enciclopedias) como el conjunto de características biológicas, físicas y fisiológicas, así como anatómicas, que definen a los seres humanos en una dualidad mujer-hombre y, entre los animales, macho-hembra. Y, como nosotros somos animales, también podemos definirnos de ese modo.

Sabemos que hay sexos intermedios, es decir, sexos de amplio espectro, pero los extremos funcionales y estructurales mayoritarios, al menos hasta ahora, son los que tienen las características que permiten distinguir los órganos sexuales (en el caso humano, hombres y mujeres).

Ahora hablo de reproducción, solo de reproducción. Pero cuando incluimos el contexto, el entorno y lo que representa, todo se complica mucho más; el sexo va mucho más allá del sexo. En mi ensayo *El sexo social*, publicado en 2010, ya desarrollé toda una serie de ideas relacionadas tanto con el dimorfismo sexual como con la diversidad de conductas y comportamientos que pueden establecerse a través del sexo. Cito el apartado 16 del libro:

> El sexo social es la manera de decir que los humanos han sido socializados, en gran parte y de forma diferente, gracias al sexo. Gradualmente, nuestros órganos sexuales han ido aumentado de tamaño hasta ser alométricos. Es lo mismo que le ha sucedido a nuestro cerebro a nivel evolutivo.

Hasta la revolución científica y tecnológica, el sexo reproductivo era una estructura troncal sin modificación de la misma evolución biológica. Pero la biotecnología y la alteración de los procesos de reproducción cambiaron esa troncalidad. Es importante retener cómo la autointervención influye en los comportamientos que antes eran solo comprensibles en los contextos naturales y de la selección natural.

La costumbre social de hablar de sexo y de erotismo nos explica la trascendencia que tiene y ha tenido esta práctica a lo largo de la evolución. No, no nos desprendemos de esta idea, de esta realidad latente en nuestra sociedad. Hay un momento clave, cuando los especímenes pasamos de la adolescencia a la pubertad, en el que el sexo emerge y pasa a formar parte consustancial de nuestras vidas. La memoria del sistema a escala ontogenética se dispara. Los mecanismos de adaptación social deben modular la activación, que nos impulsa a la actividad social sexual. Son conductas que se regulan al ser socializadas y propias de la evolución de las distintas especies.

A partir de ese momento, ya no hay marcha atrás en los comportamientos relacionados con esta propiedad animal, que nos acompañarán toda nuestra vida de manera irreversible. Desde el punto de vista etológico, el sexo está asociado con la reproducción, pero también a una determinada práctica social y psicológica. Son facetas integradas de una misma acción que intentamos sustentar con la razón. Pero el sexo no tiene razón, como tampoco la pasión.

La pulsión sexual es intrínseca a un amplio espectro de organismos; el sexo está programado para la selección natural. Creo que hasta aquí estamos todos de acuerdo, es lo que denominamos *comportamientos instintivos*. Para una amplia serie de animales, la copulación ha sido una necesidad, ya que sin ella los procesos de singamia no existirían. La naturaleza ha probado todas las formas de supervivencia y de reproducción en los distintos experimentos evolutivos. El sexo es una llave de la memoria del sistema. Sin ella no hay nada, no hay continuidad. Así pues, la complementariedad es básica. El dimorfismo sexual es básico en la formación de parejas reproductivas. Bien, lo era hasta la modernidad. Hoy en día ya no lo es.

Es muy difícil diferenciar entre sexo etológico o natural y sexo psicológico. La selección cultural mediatiza la pulsión sexual para dar forma a unos nuevos comportamientos que diversifiquen el sexo en su acción y sentido. La integración social es la mejor forma de explicarlo. Etología y comportamiento social inteligente se hibridan, se integran y forman parte de un cuerpo común de los sentidos, pero, a menudo, no de la razón.

Cuando haya una capacidad de modificación de los comportamientos a través de la intervención humana, es decir, a través de la modificación biotecnológica, no sabemos si se podrá distinguir entre lo que es natural y lo que no, en el sentido de que quizá intervengan comportamientos psicosociales planificados. Esos son los grandes cambios que se producirán en la fase evolutiva transhumanista y, por descontado, en la poshumanidad.

A nadie se le escapa un dato que todos conocemos: ahora mismo, la palabra más buscada en la red es *sexo* en todas sus acepciones, muy por encima de cualquier otro vocablo. Según la revista *Wired*, está entre las cinco de las diez palabras más buscadas. Lógica o pulsión, ya hemos dicho que el sexo es algo troncal a la humanidad, en un sentido muy amplio. Y eso que somos un animal evolucionado, algo que nos podría hacer pensar que otras palabras o conceptos deberían ser los más buscados, en el sentido de hacer nuestro apellido *Homo sapiens* más intelectual, pero no es así. El sexo está profundamente grabado en nuestros circuitos cerebrales, es un éxito de los sistemas de reproducción, de las leyes de la naturaleza y de la selección natural. ¿Se puede tener algo contra el sexo? Sinceramente, creo que no, ya que sería una perversión del comportamiento humano.

Machos y hembras, mujeres y hombres estamos inmersos en todo tipo de conductas. El sexo y el erotismo son un comportamiento socializante de gran impacto en las relaciones humanas, y deben tratarse de manera metodológica si queremos extraer conclusiones de la evolución y plantear el futuro. El sexo como nexo con la reproducción, pero, sobre todo, como manifestación social. Tanto en el futuro como en el presente, en la medida en que la sociabilidad se incremente, el sexo social será preponderante sobre otras formas de sexo. Quizá el erotismo, como manifestación sensible cultural y psicológica, acabará por ocupar todo el espacio sexual. Vemos la proliferación del sexo virtual y el sexo digital, menos complicado que el sexo social y natural, pero cargado de emociones y sentimientos.

Por otro lado, no hemos abordado las emociones que asocian el sexo con el amor. No el sexo por el sexo, sino el sexo con afecto. Hablamos de cómo nuestro encéfalo es capaz de asociar dos propiedades potentes y consistentes que pueden ser igual de placenteras. Los sentimientos, el amor y el afecto producen efectos multiplicadores.

El sexo entre hombre y mujer o entre mujeres y entre hombres tiene también el componente de tipo sexual ligado al dimorfismo, pero puede pasar lo mismo con el homomorfismo. Hablo de la variabilidad del sexo y de su concepción tanto de tipo biológico como social. El dimorfismo sexual puede ir acompañado de fondo por la misma estructura del cerebro masculino o femenino, como lo están la pulsión sexual con la cantidad de testosterona de los organismos vivos.

Como las ideologías y los comportamientos domésticos —me refiero a la familia— marcan la actitud y la actividad sexual toda la vida, esta es una cuestión que hay que tener en cuenta, sobre todo cuando los incrementos de sociabilidad no se producen en familias tradicionales, sino en núcleos de composición heterogénea.

Otro elemento que hay que tener en cuenta es cómo se puede utilizar el sexo para manipular o alienar a los especímenes humanos. Hablamos del sexo como consumo y no solo como reproducción y como sexo social positivo.

El sexo es un universal que ha servido a nuestro género y a una gran parte del reino animal para seguir vivos en el planeta. Pero no solo nos referimos a él desde esta perspectiva. Queremos ir más allá para comprender mejor qué puede ocurrir en el futuro inmediato, pero también en el futuro lejano. Como toda conducta universal de los homínidos, el sexo no se escapa a las transformaciones del futuro después de la posrevolución científica y tecnológica. Habrá que resituarlo y reformularlo como estrategia social humana y poshumana.

El sexo está instalado en nuestros comportamientos animales, es decir, en nuestra etología, de modo que es basal en nuestra vida. En general, es una actividad fuente de deseo y placer. Eso lo registran bien nuestros encéfalos, dado que cuando se practica de forma individual, dual, en grupo o en comunidad y se hace de forma física, o por imágenes, nuestro cerebro relanza los neurotransmisores del placer y segrega todo tipo de endorfinas, como la feniletamina, la dopamina y la norepinefrina, que provocan el deseo de repetir o perpetrar las acciones, tal como sucede con todas las sensaciones agradables.

En el sexo intervienen una gran cantidad de aspectos relacionados con nuestros sentidos: la vista, el oído, el tacto y, por supuesto, la mente, que puede generar espacios visuales a la carta sin demasiado esfuerzo. Esta combinación de parámetros hace que sea bastante holístico, en el sentido de que convergen una serie de propiedades humanas, desde la mente al cerebro, como la aceleración del corazón o el ejercicio físico, según qué prácticas se lleven a cabo (básicamente relacionadas con las posturas si el sexo no es individual).

Con la modificación o edición genética, así como en los organismos construidos por inteligencia artificial, estos circuitos se pueden intervenir, de manera que lo que hoy sentimos de manera general en nuestra especie (salvo que tengamos alguna patología) se convierta en placer de especie. Todavía no conocemos el placer de especie, así como tampoco el tipo de sexo que se puede llegar a practicar. De todos modos, el placer está asegurado, bombeando en el organismo o haciendo que genere todo tipo de neuropéptidos a la carta. Todo se puede provocar de manera biotecnológica.

La autointervención puede ser el motor de los cambios para transformar el sexo en otro campo diferente del que conocemos, todo dependerá de cómo sean de activas y progresistas las nuevas especies para que eso tenga una continuidad o discontinuidad estructural como universal heredado de la vida animal del planeta. En gran parte, dependerá de qué será artificial y qué no.

Es probable que se tarde muchos años en transformar las relaciones sociales del sexo que, desde la perspectiva de la reproducción, ya ha perdido el sentido de lo que es natural y de lo que es artificial. Ya lo vemos con la fecundación *in vitro*, que sustituye las relaciones sexuales atávicas mediante las que se llevan a cabo las progenies. Eso será progresivo y, como también pasará con muchas otras conductas, cambiará de escala.

Seremos varias especies, tanto en el planeta como fuera de él. Hablo del futuro como lo hemos hecho en todo el relato, por supuesto. Las cosas se han transformado y la aceleración espaciotemporal nos acerca a otras formas de sexo que ahora todavía son incipientes. El sexo con otras especies ya es conocido, se considera una patología por parte de muchos ciudadanos del planeta, pero la realidad es que el sexo extraespecífico existe ya y seguirá extiendo.

Lo que no existe como puede que sí exista en el futuro son diversas especies en el sentido de cómo las estamos planteando en el desarrollo de este ensayo. Por tanto, no tenemos ningún referente de ellas. Que conste que hablamos de sexo, no de reproducción sexual. Es importante tenerlo en cuenta para no confundir al lector. Para prever qué será del sexo en el futuro hace falta imaginación.

Creo que conviene hacer varias escalas antes de abordar el sexo transhumano. En primer lugar, el sexo como realidad social es ya muy antiguo, en la prehistoria tenemos representaciones explícitas pintadas y grabadas en las paredes de las cuevas. Por su tamaño y los soportes sobre los que se ha elaborado, el arte mobiliario es transportable, nos explica la existencia del sexo y lo representa con una gran diversidad de soportes y de movilidad.

Para saber más, recomiendo un libro de mis amigos Marcos García y Javier Angulo titulado *Sexo en piedra*. Con él el lector se puede ilustrar sobre el sexo del pasado de nuestra especie. Esculturas, grabados y pinturas expresan que es algo implícito en los animales y, por tanto, se le dota de la importancia social a la que nos referimos cuando lo practican o lo interpretan los humanos.

Este libro está pensado para hablar del futuro, no del pasado, pero esta serie de pinceladas históricas me parece conveniente, ya que nos puede ayudar a entender los procesos evolutivos como el que nos ocupa.

Las escenas explícitas que nos llegan desde la noche de los tiempos sorprenden por la diversidad de expresiones erótico-sexuales. Van de machos erectos, y pasan por el acto sexual explícito, hasta llegar a la homosexualidad. La diversidad que expresan estas imágenes nos indica que nuestros comportamientos de sexo de especie están muy consolidados, son muy lejanos y tal vez tengamos que entenderlos y comprenderlos como una mezcla del funcionamiento de la etología animal y del desarrollo cultural.

Este es nuestro punto de partida, como lo son las famosas Venus, algunas de las cuales presentan de manera clara y destacada sus atributos femeninos. En algunos ejemplares se muestran embarazadas y reflejan una descripción de las consecuencias del sexo, como la reproducción. Es el caso probable de la Venus de Willendorf (Alemania), de veinticinco mil años de antigüedad.

Esta breve ilustración del pasado llega hasta nuestro presente, en el que el sexo se ha diversificado y nos indica una serie de prácticas no trascendentes y totalmente desligadas de la singamia reproductiva. El sexo como función social se adapta de manera estratégica a las necesidades sociales eróticas y, en muchos casos, estéticas del tipo de formaciones sociales y culturales que lo practican como hábito imprescindible para poder reproducir los grupos y las comunidades.

Algo importante que destacar es su carácter estructural y cómo este evoluciona al mismo ritmo que evolucionamos como especie. Esta realidad es tan consistente que el sexo se encuentra en todos los parámetros sociales que mantenemos como fundamentales en la estabilidad y la estructuración doméstica y social de la especie.

Herbert Marcuse, en su libro *Eros y civilización*, pone de relieve la existencia del sexo como estructura de comportamiento etológico en contradicción con la cultura humana; la ruptura del sexo natural con el comportamiento represor de nuestros códigos culturales. Hay que tener esto muy en cuenta en las ideologías y las formas de conciencias en el futuro, que pueden intervenir de manera específica en la transformación de este universal humano.

En la diversidad natural del proceso social del sexo, hoy en día debemos añadirle la capacidad de producción y digitalización de las máquinas y el sexo virtual como elemento avanzado, no sé si mejorado, de lo que posiblemente pasará en el futuro. Eso quiere decir que nuestra especie, sin haber emergido todavía las paraespecies o los transhumanos, apunta hacia una dirección que puede ser la base del comportamiento del complejo de acciones sociales del futuro de especie diverso.

Las redes sociales han permitido la comunicación sorprendente sin necesidad de contacto primario, como antes lo hizo la estructura epistolar, en la que, a partir de la escritura, se enviaban mensajes, muchas veces de amor, sexuales y eróticos, que permitían la intercomunicación sin contacto permanente, pero sí secuencial. Ahora, las redes permiten la visión del sexo como una realidad consumida, diversificada y sobreacumulada, como consecuencia de una sobreactuación.

También conocemos la pornografía, en tanto que sistema de exaltación del sexo y de todos sus periféricos. Una sobreabundancia de imágenes que están en la nube o almacenadas en contenedores magnéticos (como antes en soportes físicos como la piedra, la madera o la tela), que se pueden reproducir de manera exponencial y pasar rápidamente al consumidor de sexo.

Además, la imagen del sexo y las acciones sexuales no solo están representadas por personas reales o físicas, sino que la técnica ha permitido que personajes imitadores de los actos humanos sean animados para exagerar estas acciones sexuales.

El sexo se ha acompañado de una serie de periféricos, como la ropa y los artefactos interactivos, que sobredimensionan la imaginación humana, para que las relaciones individuales, duales o colectivas sean más placenteras. No debemos olvidar que nos encontramos en la época de la revolución científica y tecnológica. No está claro si en cada formación social existe un tipo de comportamiento erótico-sexual. Parece que no es así; ahora bien, la revolución científica y técnica nos permite disponer de medios que en las anteriores revoluciones eran impensables.

Una de las lacras que no se ha borrado desde la antigüedad es la explotación sexual, fundamentalmente de la mujer. Todas las formas relacionadas con la explotación sexual son condenables y deben expulsarse de las sociedades humanas, transhumanas y poshumanas futuras, en las que las conciencias de la especie trasciendan a la incapacidad de hacerlo del actual *Homo sapiens*.

En cuanto al comportamiento conductual del sexo, también ha intervenido la ideología, y sigue haciéndolo. Ideologías de tipo conservador provocan una visión diferente sobre cómo hay que entender el sexo en la sociedad respecto a una visión de progreso. Así, en un mismo contexto podemos encontrar puntos de vista y actuaciones totalmente contrapuestas y contradictorias sobre esta cuestión.

Con independencia de la ideología, la diversidad del sexo no reproductivo es paradigmática y explica la desinhibición de los humanos y la posibilidad de aceptar cambios profundos sobre esta cuestión. Hemos dibujado ya las distintas formas de sexo que se pueden llevar a cabo, pero, además, ahora, el sexo individual, el sexo entre parejas, el sexo en grupo, el sexo con el mismo sexo y otros sexos que constituyen todas las posibilidades en general han convertido el sexo social en una realidad muy diferente respecto a la que existía antes de que esos comportamientos se socializaran.

Después de la prehistoria, vemos representado el sexo y el erotismo en todo tipo de arte. En Occidente y Oriente, en épocas antiguas, en época de los clásicos, en la Edad Media y, por supuesto, en la Edad Moderna y en la Edad Contemporánea. Su permanencia lo convierte en un universal, como lo han sido las herramientas o el fuego, entre otros. Vemos representaciones del erotismo desde la época helenística, con esculturas de Afrodita, Pan y Eros, en el siglo IV a. C. Y en el siglo XI, en India, se levanta el templo de Khajuraho, con unas escenas esculpidas sobre la piedra que son una demostración del culto al sexo y el erotismo explícito en esas comunidades.

En el Renacimiento italiano, en los siglos XV y XVI, emergen el desnudo y el erotismo metafórico, asociando desnudos animales que simbolizan la pareja y configurando el erotismo como una forma de hedonismo que, eso sí, evita la cópula. No sucede lo mismo con las famosas pinturas de Giulio Romano que aparecen en el libro

De omnibus Veneris Schematibus, con grabados de Marcantonio Raimondi.

Sexualidad, imágenes sugerentes, sensualidad y erotismo son una combinación que está implantada en las sociedades humanas desde la prehistoria, quizá no como la conocemos ahora, pero con toda su carga emocional. Sin embargo, las emociones pueden modificarse y, por tanto, condicionarse, y aquí se abre una puerta al cambio de nuestros comportamientos humanos y transhumanos.

¿Qué pasará en el futuro? Ya hemos adelantado que la posibilidad de modificar de manera artificial este comportamiento es una realidad. Aunque también debemos advertir que por ideología y por idiosincrasia se han castrado a hombres y mujeres, o que aún hay ritos de iniciación como la ablación del clítoris, que hace desaparecer el sexo como elemento de placer, lo que discrimina a hembra y macho y genera asimetrías evolutivas.

Por todo ello, si el futuro está cargado de pasado y presente, los comportamientos atávicos seguirán en la base social de las especies humanas o transhumanas que existen en el planeta o fuera de él. En mi opinión, no será fácil eliminar un comportamiento que, aunque no estará ligado en absoluto a la reproducción, sí lo estará al consumo social y a la obtención de placer. Es probable que el sexo, el erotismo, esté ligado ya a nuestra humanidad como un metalenguaje del que la humanidad transhumanizada no se podrá desprender.

Podemos imaginarnos la empatía que podrá existir entre dos especies o subespecies humanas en el futuro. Una nueva empatía como la que tal vez existiera entre los *Homo sapiens* y los *Homo neanderthalensis* antes de su desaparición. Una empatía en la que las relaciones intraespecíficas pueden reforzarse con nuevos tipos de imágenes, de tacto o de pensamientos. Una forma de pensar distinta a la habitual en nuestra especie.

Podemos especular con que si se editaran neandertales podríamos hablar de sexo y conocer su visión del erotismo. La visión de especies fósiles, el CRISPR y las nuevas técnicas de edición genética pueden hacerlo posible. No digo que tengamos que hacerlo, hablo del futuro del futuro. Sería muy interesante la intercontrastación sexual desde los humanos *sapiens*, los humanos fósiles y los transhumanos; una gran diversidad de emociones y de visiones del sexo. Soy consciente de que hemos entrado en el ámbito de la especulación, pero, a mi parecer, es inevitable cuando hablamos de este tema debido a la complejidad social que ha adquirido en la evolución.

Seguramente, cuando pensamos en el sexo del futuro, muchos imaginarán máquinas, interfaces, dominio digital, cascadas de imágenes en tres dimensiones, hologramas, etcétera. Pensamos en una aplicación o proyección actual de la diversidad, pero es probable que sea diferente. Y lo será como consecuencia de las numerosas conciencias que desarrollarán modelos de comportamiento que, hasta ahora, son inconmensurables para nosotros.

Quizá el sexo entre especies y subespecies humanas, subhumanas y transhumanas sea el más divertido por su diversidad. Reconozco que me gustaría vivir esa realidad, puesto que ofrecería disfrutar de todo lo que será diferente y que ahora desconocemos.

También será un proceso social multifactorial universal, como todas las conductas y los comportamientos humanos. Y es posible que acabe por desaparecer como actividad cotidiana y doméstica, pero tendrán que pasar muchos años y suceder muchas cosas para que sea así. Con la mejora de la especie, muchos de los valores que han sustentado la humanidad, muchas de las propiedades estructurales, dejarán de serlo. El futuro del futuro es desconocido para los que, desde el presente, prospectamos el devenir, pero eso no significa que no podamos establecer una fuerte relación en cuanto a la estructura de lo que hemos sido, lo que somos y lo que queremos ser.

15

LA COMUNICACIÓN Y SU EVOLUCIÓN

La imaginación puede hacernos trascender, y por eso me gusta poder proyectar cómo se comunicarán los entes que nosotros habremos contribuido a generar. Es probable que algunos de estos pensamientos estén todavía muy alejados de la realidad, pero los humanos estamos suficientemente preparados para construir la imaginación dialéctica y sembrar, así, las palabras y las interpretaciones del futuro. Palabras, frases, conceptos... Un lenguaje de tipo filosófico que contiene todas las disciplinas que nos permiten interpretar hechos presentes y futuros.

La producción de una palabra necesita la colaboración de una serie de áreas del cerebro que explicaremos a continuación. En paralelo, la elaboración de algoritmos que reproducen el funcionamiento de nuestro cerebro no ha sido una tarea fácil para los ingenieros, puesto que las órdenes que deben darnos tienen muchos sentidos en su recorrido, pues probablemente no es lineal como en el caso de las secuencias mecánicas que ejecutan las órdenes. Por eso ha costado mucho desarrollar la tecnología de reconocimiento de voz, que permite en la actualidad que los robots reciban órdenes como activar o desactivar dispositivos.

Todo, o casi todo, está siempre contenido en la palabra y en el lenguaje. Eso reside en la esencia humana trascendente, ya que sin lenguaje no puede haber construcción, ni se puede leer lo que pasa ni lo que pasará. Siempre recurrimos a él, sea del orden que sea: artístico, matemático, lógico o vulgar; todo son expresiones de la humanidad en construcción, invenciones necesarias para sobrevivirnos. Es harto probable que el lenguaje humano, la lengua, sea uno de los registros sonoros más importantes y complejos del cosmos, pero también de nuestra conciencia operativa.

En la corteza motora cerebral tenemos tres áreas que son fundamentales para el lenguaje y para la escritura: el área de Broca, el área de Wernickle y el giro angular, además del área visual primaria, para la escritura. En estos procesos está implicado todo el segmento mediano de los hemisferios cerebrales y, con una intensidad particular, las zonas frontoparietales. Pero no basta con las estructuras cerebrales. También es necesario un ejecutor, en este caso el tracto vocal para el lenguaje y, en los autópodos, básicamente las manos para la escritura.

Esta interrelación neuromecánica es la responsable de nuestra inteligencia operativa, al menos en un noventa por ciento. Hablo de la conciencia que se ha construido a partir de este tipo de inteligencia, que se inicia con la confección de herramientas por parte de los homininos. En efecto, resulta curioso constatar que en la fabricación de herramientas intervienen las mismas áreas del lenguaje.

Pues bien, el tracto vocal se compone de la cavidad oral, la cavidad nasal, la faringe y la laringe. Sin este diseño que constituye el andamio de nuestra forma humana de comunicarnos, que incluye la laringe y las cuerdas vocales, por un lado, y la cavidad nasal, la bucal, los labios, la faringe y la lengua, por el otro, nuestro cerebro no sería operativo para producir morfemas.

Como vemos, la interdependencia en todo el proceso de la parte superior del cuerpo es básica. Por otra parte, también vale la pena recordar que las partes mecánicas, es decir, las extremidades anteriores, pueden sustituirse. Por ejemplo, para escribir se pueden entrenar la boca o las extremidades inferiores. Además, con la biomecatrónica se hacen progresos increíbles, igual que con la inteligencia artificial aplicada a artefactos electrónicos. Y parece que solo nos encontramos en los albores de estas tecnologías que usan la ingeniería, la biología y la inteligencia artificial.

Avancemos en la evolución: imaginémonos que nos encontramos centenares de años después de este momento que estamos viviendo ahora. La transhumanidad está socializada y nos encontramos en el inicio de la poshumanidad. Las formas de comunicación son de un rango en el que el lenguaje articulado dejó de existir hace tiempo, no se concibe como una herramienta de comunicación.

Hay noticias de que la humanidad tuvo ese tipo de comunicación, incluso parece que hay memoria en el sistema; una serie de registros conserva la diversidad lingüística del *Homo sapiens*. Ya se sabe: hace tiempo, un grupo de antropólogos, filólogos, ingenieros y especialistas de diversa índole se encargó de poner en contenedores electromagnéticos depositados en la nube grabaciones que recogían la forma en la que las distintas culturas se comunicaban en el pasado. Existe una información confusa sobre las más de seis mil lenguas que hablaban los especímenes de *Homo sapiens* en el siglo xx.

Además de lengua vehicular que se usaba en todos los continentes, el inglés fue una lengua científica y, por tanto, había especialización y planetización. Eso facilitaba la comunicación de los grandes descubrimientos y de todo tipo de trabajos científicos y técnicos. Era una lengua estandarizada fechada en los orígenes del comienzo de la revolución científica y tecnológica.

A la vez, se habían desarrollado algoritmos que traducían de manera simultánea, y las distintas culturas podían comunicarse con otros congéneres a través de una interfaz, mediante artefactos incrustados que funcionaban como periféricos en el exoencéfalo.

Al fin y al cabo, no es ciencia ficción. Se trata de un proceso al que los humanos, como en otras cuestiones, nos vemos impulsados. Pero todo esto no sería posible sin el conocimiento estructural funcional y sistémico de nuestro encéfalo. Todo está interrelacionado, de manera que no se puede avanzar en ninguna emergencia si no hay otras que hayan emergido. Es decir, tiene que haber conocimiento para poder hibridar las distintas adquisiciones que los humanos vamos haciendo en el marco de nuestro proceso evolutivo.

Volviendo atrás, nos preguntamos: ¿cómo se ha llegado a este punto en la evolución del habla? Todo tiene unos orígenes y una historia que hay que conocer y reconocer para poder interpretar y después reflexionar sobre el impacto que tiene en la humanización y en la deshumanización. Lo primero que debemos constatar es que el lenguaje, el habla, tuvo un papel crucial en la humanización. En ese sentido, es particularmente importante entender cómo moduló nuestras conexiones neuronales, igual que, más adelante, lo hizo la tecnología, como ya hemos explicado en el apartado correspondiente. Esta oralidad contribuyó a incrementar de manera continua la sociabilidad de las especies que utilizaban esa manera tan avanzada de interrelacionarse y, por tanto, de comunicarse.

En cualquier entorno espacial se oyen ruidos. El viento, la lluvia, la nieve, los animales y los humanos producen ondas sonoras más o menos perceptivas al oído humano. Los sonogramas que se emplean para registrar el murmullo de la naturaleza son documentos excepcionales de la ecología de las zonas donde se llevan a cabo, y también pueden ser testigo estacional de la biocenosis. Con buenos sonogramas también podríamos hacer ecología sistemática, porque también son lenguajes del sonido, en los que esos ruidos y murmullos se estructuran analíticamente y se sintetizan para verlos y oírlos en distintas frecuencias.

Si esas ondas sonoras viajan por el espacio-tiempo, quizá la tecnología de los poshumanos consiga valiosos registros del pasado basados en las vibraciones que se producen cuando hay interrelación y comunicación, puesto que nos hablan del sexo, del hambre, del peligro, así como de cualquier animal durante su actividad cinegética (si es carnívoro), o del ruido que se produce cuando un bóvido arranca la hierba. Un registro no icónico del medio natural e histórico, ya que se podría hacer lo mismo con los registros del funcionamiento urbano, de las fábricas, de los coches, de los aviones o de las personas. Todo forma parte de la estructura audible de la vida cosmopolita.

Nuestro sistema auditivo, es decir, el oído humano —el de nuestra especie, pero también el de especies humanas anteriores a la nuestra— está preparado para captar sonidos en banda ancha. El oído ha desarrollado una capacidad importante de recibir la transmisión de información que utilizamos como especie para comunicar e informar de lo que pasa, de lo que queremos, de lo que hacemos o de lo que deseamos, que ha aumentado conforme la humanidad socializaba más. Gracias al estudio de la estructura del oído medio, hemos sido capaces de encontrar una prueba del lenguaje en el Pleistoceno medio hace centenares de miles de años.

El lenguaje ha sido un factor evolutivo de máxima importancia. No me cansaré de repetirlo. No es ninguna convicción, sino una deducción que podemos extraer de cómo construye nuestra realidad hoy en día. Y el habla también, que se ha hecho cada vez más metafórica, a diferencia del lenguaje no verbal de nuestros parientes primates no humanos, aunque estos también puedan comunicar situaciones mediante expresiones encadenadas. Están limitados, porque no se pueden expresar como nosotros, ya que no tienen un tracto vocal que les permita generar y modular lo que se dice.

El lenguaje humano es otro mundo. Nos ha facilitado las cosas de la vida. Sin él, muchos de los progresos que se han producido no existirían. Junto con la vista, constituye una estructura fundamental no para monitorizar nuestro entorno, sino para poder sobrevivir a los peligros que se ciernen en los diferentes medios en los que hemos vivido al principio y, después, para socializar. Al fin y al cabo, ha servido para generar relaciones intraespecíficas que permiten organizar de manera estructurada una serie de operaciones mediante la comprensión del mensaje que se transmite. El emisor y el receptor están preparados para sintonizar y, así, construir redes de conocimiento y de acción muy perfeccionadas, destinadas a la producción de energía y a la reproducción de los grupos.

Los sonidos de alerta son comunes en aves y también en mamíferos de muchas especies. Cuando hay peligro se comunica un código concreto, junto con otros que permiten establecer una red solidaria en espacios determinados. Solo hace falta la clave para interpretarlo. Estas redes de aviso son el internet etnológico. Además, no son uniespecíficos, en el sentido de que, aunque haya sido una especie la que ha inventado un código concreto, también se benefician otras de su socialización.

Emisor y receptor entran en resonancia cuando están socializados en los sonidos o exclamaciones, o cuando hay ya una manera rudimentaria de hacer vocalizaciones. Seguramente, en el caso del género *Homo*, en el inicio eran códigos muy simples, derivados de los sonidos de aviso de peligro o de comida o, quizá, igual que en los animales, del tiempo justo anterior a la copulación, para encontrar pareja. En cualquier caso, se volvieron más complejos a medida que evolucionaban las especies. Nuestro colega Noam Chomsky, generador del innatismo como teoría científica del lenguaje, mantiene que este tiene un punto innato en nuestra especie, y yo propongo, siguiendo su postulado, que lo es en nuestro género, el *Homo*.

Los humanos hemos evolucionado a través del aumento de la complejidad de nuestras interacciones; el lenguaje ha sido el vehículo de transmisión de nuestro conocimiento. Ahora me refiero en concreto al arte, es decir, al lenguaje que se plasma sobre diferentes soportes y que explica una necesidad de comunicar por parte de quien lo ejecuta. Esta maravilla es lo que ha dado a la humanidad una belleza y una estética estremecedoras. Ya lo he dicho otras veces: el canon de belleza de la cabeza de la Venus de Brassempouy es comparable a la escultura griega en su momento de máximo esplendor. Con Praxíteles, se contempla un horizonte de sensualidad al que solo puede llegar la obra de arte.

Primero fue a través de la escultura, la pintura y el grabado de formas, morfologías de objetos varios en paredes de cuevas, en piedras, en pieles, sobre madera, sobre hueso o sobre marfil. En definitiva, fuese donde fuse, también representa una forma de lenguaje. Ya sean figuras de animales o de plantas, o representaciones esquemáticas y abstractas, todas ellas nos hablan de una necesidad de comunicar, es decir, de una humanidad que conoce ya mucho de su propia conciencia o que intuye, por medios empíricos, que a través de las representaciones se diferencia específicamente de otros grupos zoológicos y, por tanto, genera una interacción más fuerte en el seno de sus comunidades. Empezamos así un proceso de diferenciación que más tarde dará lugar a la diversidad cultural en la evolución. A partir de esa secuencia se llegó, entre otras adquisiciones, a la escritura.

A medida que hemos evolucionado, hemos inventado medios de comunicación que nos permiten expresarnos y coordinarnos mejor. A través de ellos, se hacen negocios, se trabaja en grupo, se juega, se aprende, se genera una nueva manera de sobrevivir como especie. Se construye un mundo diferente al de la etología: el mundo de la complejidad de la cultura, primero, y el de la complejidad de la ciencia, mediante el lenguaje matemático, después.

En ese sentido, la diversidad de lenguajes que hemos desarrollado los *Homo sapiens* es del todo impresionante. El lenguaje matemático, en concreto, presenta una serie de características que lo hacen único. Los sistemas numéricos y alfanuméricos son representativos de cómo la humanidad estructura y organiza y, por tanto, de cómo complementa su actividad social e intelectual a través de secuencias de fácil construcción que las máquinas pueden entender. Me refiero, claro está, a los algoritmos.

Polinomios para la previsión del tiempo a través de la confección de mapas que explican probabilidades del funcionamiento termodinámico de la naturaleza. Ecuaciones que explican el comportamiento del medio; un embrollo de procesos matemáticos que nos ayudan a conocer y prospectar nuestra realidad espaciotemporal.

Por ahí van las cosas: toda la humanidad provista para ir descubriendo en qué mundo vivimos. Álgebra, geometría, cálculo, artefactos que son cada vez más competentes. Un lenguaje universal que puede ser contrastado en el futuro y en el futuro de los futuros con la realidad de todo lo que pasa mientras el espacio-tiempo sigue en movimiento.

Es palmario que en el futuro transhumano alcanzaremos una síntesis disciplinaria de las matemáticas, que generarán un metalenguaje capaz de llegar a todos los rincones, desde los cálculos más descabellados a los más complejos que podamos augurar hoy en día. La velocidad y la capacidad del cálculo integrarán el aumento de sociabilidad entre especies y entre máquinas. Es lo que hará un lugar especial del antiguo sistema Tierra. De ahí saldrá la información para conocer las otras formas de vida del universo, hasta el punto de que la conciencia cósmica hará irrelevantes todas las formas de conciencia que hemos conocido y socializado con anterioridad. Pero ya no serán humanos quienes lo hagan realidad.

El lenguaje de fusión entrará en la forma de gobierno del todo. El metalenguaje conectará las máquinas conscientes con la dinámica de la conciencia cósmica transhumana; una cascada de sucesos que generará una verdadera construcción que nos proyectará hacia la poshumanidad.

Los elementos mecánicos que hacían posible la transcripción de códigos estarán integrados de varias maneras en las estructuras que nos permiten la conciencia y la inteligencia operativa. Lo que parece estar claro es que el tipo de órdenes que se podrán dar a través de nuestras posibilidades de cognición basadas en el intercambio de información y en el sistema de enviar instrucciones para el movimiento y la estructuración de los espacios exteriores será la base de la comunicación intra y extraespecífica. Es probable que, en esos organismos, las áreas importantes de nuestro cerebro no funcionen de la misma manera, debido a los cambios que se producirán primero con los exoencéfalos y, después, con la construcción de estructuras de alta potencia resolutiva a través de madejas neuronales ordenadas de manera artificial.

Un mundo transhumano primero y, después, poshumano, en el que la generalización de la fusión científica y técnica con la inteligencia meta artificial permitirá una fusión de los entes con su espacio-tiempo singular. Es difícil de entender, solo se puede intuir. Pero como intuición es magnífica, ya que estas palabras dan sentido a esa situación de cambio de fase de la evolución de los organismos en nuestro Sistema Solar. Lo que hasta ahora es misterioso se convertirá en realidad.

16

RELIGIONES, FILOSOFÍAS
E IDEOLOGÍAS DEL FUTURO

Hasta hoy, lo más subjetivo y simbólico acaba influyendo y organizando nuestra vida social como humanos. Podemos analizar cómo estas cuestiones han vertebrado poblaciones, sociedades y formaciones sociales enteras; ahora bien, cómo lo harán en el futuro es más discutible. Aun así, debemos intentar averiguar si seguirá así o no.

Incluyo la religión en esta propuesta por razones empíricas, objetivas y, por supuesto, subjetivas. Las temáticas que no se abordan como consecuencia de las formas de pensar acaban quedando cojas en cuanto a los argumentos de tipo sintético en lo que concierne al proceso evolutivo y su explicación. A mí no me gustan las creencias, eso es un criterio subjetivo, pero debo reconocer que son reales y que su realidad es indestructible porque desemboca en hechos sociales o proviene de ellos.

Lo que yo piense no tiene por qué ser lo que pase en realidad, y lo que sucede no tiene por qué ser objetivo pero pasa. Son cosas que pueden ser un error, pero, en cualquier caso, son un error histórico que condiciona o ha condicionado la vida de las poblaciones humanas a escala planetaria. Son universales y, si lo son, tiene que haber una razón que lo explique. De todos modos, no nos dedicaremos a hacer aquí un análisis histórico de las religiones, ese no es nuestro objetivo.

Debemos empezar por la idea de Dios, una idea controvertida que para muchos especímenes humanos es una realidad indiscutible, aunque no haya pruebas de su existencia. Sobre esta cuestión me ha interesado mucho la opinión de uno de los científicos más geniales de la historia, Albert Einstein, que se alineaba con la tesis de Spinoza y afirmaba que su concepto de Dios estaba formado por un sentimiento profundo vinculado con el convencimiento de que Dios es una razón que se manifiesta en la naturaleza y que por eso mismo se podría describir como fantástico.

Sentimiento, *razón* y *fantástico* son conceptos que el físico utiliza para describir una realidad, una sensación, una existencia humana, que nos dice que, en efecto, existe espiritualidad en el ser humano. ¿Y qué tienen que ver los conceptos tan aparentemente lejanos sobre los que busca apoyo para definir a Dios? En lo racional, se trata de la experiencia humana experimental, es decir, la base de la ciencia. En lo emotivo, sentimental, nos habla de lo que no controlamos y que, cuando se desboca, se hace intenso, potente o ansioso, es decir, una serie de estados contradictorios pero reales. Y al final, en lo fantástico, vamos hasta el ensueño en tanto que proceso de ir más allá de lo que se vive normalmente. Así, se trata de una convergencia en el ser humano de factores naturales, estructurales y funcionales, pero no sobrenaturales.

Lo que para muchos es solo una idea humana, para otros es una realidad. Una presencia, una autoridad, una guía. En muchos casos, las religiones nacen, si no se trata de vitalismos, de esa idea antropogénica de hacer una proyección de nosotros mismos. Después se perfilan, se argumentan, se mitifican, se hacen dogmáticas y, sobre todo, se manipulan a través de las estructuras que la misma humanidad necesita, de manera errónea, para la cohesión y el funcionamiento.

Dios, sus intermediarios y nosotros. Curiosamente, también es una trinidad. En cualquier caso, las religiones necesitan creencias indemostrables. Y eso está claro que no tiene nada que ver con la ciencia. Si las religiones fuesen científicas no cumplirían con su finalidad de cohesión. Se trata de entelequias sociales muy bien articuladas, teniendo en cuenta las necesidades y las debilidades humanas como consecuencia de la evolución. Lo que pensamos, lo que creemos y lo que hacemos (o sea, todo) es producto de la manera en la que nos hemos adaptado al entorno, utilizando adquisiciones que en la mayoría de los casos llegan por azar mucho antes que la ciencia.

Negar o no la existencia de Dios es una rutina metafísica que no nos sirve de mucho. En *Elogio de la irreligión*, John Allen Paulos desglosa la inexistencia de argumentos sobre esta presencia. Los creyentes simplemente creen y los que no lo somos no contemplamos esa hipótesis. Sin embargo, debo decir que es una idea muy potente. Las ideas potentes nunca mueren porque, como hemos dicho, se mueven en el campo de la abstracción y, cuando se materializan, entran en el ámbito de la iconografía, que permite al ser humano verificar el contenido, aunque sea inventado o falso. Puede que sea una noticia falsa de largo alcance y, por descontado, de una gran trascendencia.

Las estructuras y los sistemas irracionales son difíciles de asimilar por las personas con conciencia crítica que nos movemos más en el terreno de la esperanza que en el de la fe; somos descreídos y necesitamos argumentación. Supongo que el método científico nos ha abducido. Es difícil aceptar algo que no se puede demostrar de ninguna manera que se pueda contrastar. Siempre he encontrado más lógico pensar que creer, pero eso no quiere decir que no se puedan hacer ambas cosas: es una práctica a la que muchos están bien acostumbrados. Curiosamente, entre los científicos, hay muchos más pensantes que creyentes. Ateos y agnósticos como yo somos la base fundamental de la corporación. Y algo tiene que ver nuestra visión del mundo y nuestra capacidad de razonar de manera metódica, analítica y sistémica. Ahora bien, estas diferencias de procedimiento no nos eximen de las dudas ni de tener cierta capacidad de admisión de fenómenos que, por el momento, no son demostrables.

La religión es un fenómeno probado ya en tiempos de la prehistoria, así como su innegable capacidad de socialización. Se trata de una manifestación compleja de nuestro proceso antropogénico. Como historiador, hay que estudiar y entender estos fenómenos para no ser crédulos y poco críticos.

Ya de muy pequeño me sorprendía el edificio, diferente a los otros, donde los domingos se celebraba la misa: la iglesia. Es decir, es una construcción que consta de un edificio horizontal donde se concentran los creyentes y los feligreses, y otro edificio vertical y estrecho en la parte posterior, el campanario, que es el más alto del pueblo. Desde allí se tocaban las campanas de forma manual, hasta que llegó la electrónica, cuando yo era niño, en los años cincuenta. Las campanas nos recordaban la ubicación del templo y, desde su altura, la jerarquía, que era palpable en el exterior, pero también en el interior, desde donde se predicaba.

Cabe señalar que la religión impregnaba toda la sociedad durante la dictadura franquista en la que nací y crecí, en los años cincuenta y sesenta. Debo decir que me influyó. Aunque no solo estaba presente en España y Cataluña, ya que el catolicismo universalizó ciertas metafísicas. Aquí el nacionalsocialismo era hegemónico, traspasaba, como siempre ha pasado, los oficios de la Iglesia y se extendía al poder político gracias al concordato de los años treinta.

Más tarde, también en el colegio del Opus, en los años sesenta, las ceremonias religiosas formaron parte de nuestro adoctrinamiento. Así, los habitantes de Europa teníamos estas prácticas en común, igual que los musulmanes de otros países tenían las suyas, como los budistas y los hinduistas.

Además de todo tipo de religiones y creencias conocidas y mayoritarias, también existen (o, mejor dicho, conviven) otras minoritarias y variadas. Podemos decir que el planeta está lleno de ese tipo de creencias organizadas que han adoctrinado a nuestra especie durante miles de años. Por lo general se estructuran a partir de la espiritualidad, es decir, de una abstracción que nuestra mente resiste bien y que hace que socialmente perdure. La espiritualidad es una forma de conciencia de lo que es inalcanzable y, por tanto, difícilmente cuestionable en cuanto a su existencia. O somos creyentes o no lo somos. La espiritualidad, y su expresión en forma de religión, es un fenómeno que puede ayudar cuando la racionalidad no tiene respuesta como principio de esperanza. Pero no es más que eso.

Dentro de sus templos, la religión puede practicar sacrificios, libaciones u oraciones que se socializan y controlan a los individuos de las diferentes comunidades. Suelen ser ejercicios con ritos, mantras y procesos redundantes que se repiten hasta el aburrimiento y que suelen estar conducidos por individuos a los que se les concede un valor especial como transmisores de la fe o de las creencias. Y todo se basa en textos o tradiciones orales sobre la verdad y la importancia que tiene una práctica u otra. Pero siempre son certezas indemostrables, ese es su talón de Aquiles.

La religión tiene una vocación interclasista e intergeneracional, es decir, de participación colectiva, independientemente de la procedencia social o de la edad. Se trata de una estrategia muy bien planificada mediante la cual se llega a muchos individuos y se alcanzan grandes territorios, sobre todo si se trata de religiones mayoritarias y tradicionales. Son comportamientos sectarios de gran valor estratégico, que marcan dinámicas sociales y, casi siempre, de poder. Sobre todo, poder. Las religiones tienen estructuras que hacen especialmente visible la manera de ver las cosas que quieren implantar con la finalidad, casi siempre, de controlar y manipular.

Con este mimbre, la cesta tiene en el interior a una serie de individuos que llevan a cabo sus prácticas o, mejor dicho, sus enseñanzas y doctrinas. Se dedican a diseminarlas por los territorios a través del comercio, las guerras y la manipulación y, en general, con una forma más o menos explícita de violencia. Con todo, vale la pena recordar que, aun formando parte de iglesias, congregaciones o grupos religiosos, hay personajes que tienen la voluntad de ser solidarios y ayudar a sus congéneres. Pero normalmente acaban siendo marginales, aunque tengan mucha fuerza en algunos grupos.

Este embrollo de contradicciones hace que algunas religiones o interpretaciones se puedan aplicar de forma dogmática o radical, hasta el punto de confrontarse con el poder. En general, y como estructura, acostumbran a estar cerca o dentro del poder, con la finalidad de reproducir sistemas conservadores y conservacionistas. En los momentos en los que estas formas de creencia o estas doctrinas se ven amenazadas, pactan con la fuerza estructural y hacen coexistir de ese modo la selección natural y la selección cultural.

Quería introducir este tema para comprobar si el evolucionismo es aplicable a las religiones tal como lo hemos planteado. Quiero partir de una afirmación o un planteamiento muy sencillo, pero no menos contingente: que la religión se rige por las leyes de la selección natural. De entrada, parece que estas creencias están muy bien adaptadas, es decir, que encuentran respuestas en la manera en que el *Homo sapiens* se ha adaptado al planeta a través de las construcciones sociales y económicas.

Es probable que las religiones y las creencias (o protocolos de conductas espirituales) emerjan de la formación primitiva de nuestra conciencia propiciada por la inteligencia. El hecho es que tiene que haber un inicio, ya que sin la génesis y la evolución se hace muy difícil comprender ese fenómeno universal que tanto peso específico ha tenido en la historia de los últimos miles de años y que aún tiene hoy en día. Lo que hay que analizar es si lo tendrá en el futuro.

Una realidad que debemos tener en cuenta y que conocemos de sobra es que, como hemos dicho, las personas científicas y los individuos que trabajan en campos del conocimiento son solo religiosos o creyentes en una minoría que vive de forma complementaria creer y pensar. Como la mayoría no lo hace, eso nos lleva a afirmar que esa complementariedad no está implícita en nuestro material genético.

Suponemos que en la evolución y en la socialización de las creencias y de las religiones, el aumento de la educación, en todos los sentidos, hace que se pongan en duda los dogmas, lo que conduce a la disminución de la frecuencia absoluta y relativa de practicantes y feligreses de congregaciones o grupos eclesiásticos.

Todos 'sabemos que es más fácil manipular cuando no hay formación, educación y conocimientos, puesto que no se pueden argumentar los conceptos que invalidarían esas estructuras de poder. Parece que hay una correlación estadística sobre el pensamiento que dibuja que, cuanta más formación y conocimiento, menos religión, y, al contrario, cuanta menos formación y conocimiento, más religión. No digo que ese fenómeno sea total, pero sí que es estadísticamente significativo.

Yo mismo me encuentro entre aquellas personas no creyentes, y mi ideología (que la tengo) está basada en el comportamiento comunitario, solidario y socialmente implicado. Sencillamente, se basa en los planteamientos comunistas.

En momentos de tensión y cambios de ideologías, esas percepciones varían, y es verdad que una instrucción basada en la negación de las creencias y las religiones influye en la cantidad de especímenes que dejan de ser creyentes. De todos modos, las creencias están profundamente enraizadas en los nódulos sociales, de manera que, cuando la presión ideológica disminuye, esas creencias o doctrinas sufren procesos de recuperación que pueden llegar a ser exponenciales.

Por este motivo, las ideologías que se construyen a partir de creencias y filosofías dominan a la postre espacios sociales y políticos amplios y constituyen la infraestructura de la acción política en todos los países del planeta. Esa hibridación entre creencia e ideología también se da entre pensamiento e ideología; así, nos damos cuenta de que lo humano es todo lo que hacen los humanos. De lo que no hablamos es de la capacidad crítica y de discriminación de ideologías y formas de creer que al final van contra la evolución de nuestra especie y retrasan el fenómeno de la humanización.

Pero lo que nos interesa es volver a la selección cultural y cómo esta ha influido en el proceso de propagación de las creencias. Si la selección natural ha sido la responsable del hecho de que la religión y las creencias hayan perdurado, incluso después de la revolución científica, y aunque perduren en la revolución científica y tecnológica, la selección cultural ha sido la responsable de hacer posibles los mecanismos que permitieron que se reactivaran y se diera consistencia a esas creencias.

La inteligencia y la conciencia han sido artefactos mayúsculos para nuestra supervivencia en el planeta. A la vez, inteligencia y conciencia han sido las responsables del origen de las creencias, o sea, que esa abstracción que ha dado lugar a formas de adaptación a través de creencias y ritos no habría sido posible sin una mente con imaginación.

Esta es otra de las contradicciones que siempre nos aguardan. Ahora, mirando hacia el futuro y proyectando qué es lo que se puede pensar que pasará en un devenir más lejano, se me ocurre que debemos tener muy en cuenta la disminución de la selección natural en especies que se hayan diversificado, como probablemente sucederá con el *Homo sapiens*.

Es evidente que, si la presión que ejerce la selección natural es sustituida por la que pueda ejercer la selección funcional, técnica y cultural, muchos de los parámetros que hemos utilizado para comprender este fenómeno religioso dejarán de impactar en la evolución de nuestra humanidad, y nos encontraremos en un horizonte de sucesos muy diferente del de su despegue y consolidación como universal.

Humanos modificados, humanos editados, humanos naturales o *stricto sensu* formarán una agrupación muy diversa aunque haya una unificación de prácticas, hábitos y costumbres. Seguramente las bases de conocimientos históricos y prehistóricos no se utilizarán como hasta ahora para estructurar a la especie. Es muy probable que el conocimiento y el pensamiento sean dominantes en las grandes agrupaciones humanas con independencia de la diversidad o individualidad a la que se pertenezca. El triunfo del humanismo tecnológico abrirá la puerta a otras ventajas adaptativas que serán igual de trascendentes pero que, a la larga, borrarán del mapa las formas de creencia que la humanidad ha arrastrado hasta ahora en una función de agregación de poder.

El futuro de las creencias y de las religiones estará en manos de la selección técnica y cultural, y dejarán de ser ejes hegemónicos estructurales para convertirse en espacios de reflexión individual, con un fuerte fondo de espiritualidad y una extensión corporal más crítica y con más conocimiento de la naturaleza de las cosas y de sus propiedades. La conciencia crítica de la especie hará que los gurús y los líderes vayan perdiendo su ascendencia sobre las sociedades.

Los valores de tipo simbólico que han estado haciendo de cohesión social dejarán paso a manifestaciones conscientes. La revolución científica y tecnológica socializada hará que los especímenes humanos dispongamos de recursos de conocimiento y pensamiento por el momento desconocidos. Los mitos actuales parecerán absurdos en el futuro y el futuro de los futuros, igual que nosotros entendemos la mitología como una forma metafórica de conocimiento, pero absolutamente surrealista. Utilizamos la mitología griega para demostrar nuestros conocimientos del pasado y como forma intelectual de comprensión, lo que demuestra una buena formación académica, pero su uso metafórico no nos sirve para una acción social real.

Se ha hablado de la muerte de las ideologías, cuando en realidad desaparecen para transformarse en otros mecanismos más o menos eficaces para llevar a cabo otras actividades o conductas. Solo la selección natural manda en estos parajes, hasta que asoma la selección artificial. Eso parece que es así, y así debemos analizarlo. No hay final de nada porque siempre es el principio de otro proceso. Las ideologías nos han ayudado a generar diversidad. Sin ellas, nos habríamos uniformizado.

Ahora que la generación de diversidad no se construye de forma alopátrica, puesto que todos estamos conectados, deberá hacerse de manera intelectual y planificada. Eso quiere decir que se tratará de procesos que podrán acelerarse de manera voluntaria por la especie o las especies que vivan en el planeta.

La ideología es una manifestación más de la racionalidad humana que se utiliza, en este caso, para construir socialmente a través de la política y esta, a su vez, permite estructurar nuestras sociedades. Pero no sabemos hasta cuándo seguirá siendo así. Es una pregunta que seguramente se hará en el futuro más inmediato o cercano, pero ya no en el futuro lejano. Igual que las religiones, que se habrán transformado en alguna forma de pensamiento, conocimiento o acción que volverá a perdurar en el tiempo mientras tengan alguna utilidad social. Cuando ya no la tengan, se fosilizarán en nuestro sistema evolutivo para perder su esencia trascendental y poco más.

Las ideologías han sido fundamentales durante la Revolución Industrial y han marcado la humanidad moderna y contemporánea. Las mismas ideologías, que han representado un estado diverso del pensamiento y de la acción humana, con el tiempo pueden convertirse en rémoras antiguas que, con todo, contribuirán a entender cómo hacíamos para organizar el orden o el desorden social equilibrado. Se trata de un fenómeno que sirvió tanto para oprimir como para justificar las revoluciones pero que, en cualquier caso, pierde poder de convocatoria en detrimento de otras expresiones, como la conciencia misma.

Lo que guiará el futuro de la humanidad diversa que compondrán nuestras especies debemos buscarlo también en la filosofía, ya que el cómo y el porqué de las cosas no dejarán de existir. Lo que sucederá es que la tecnosociedad estará más dispuesta a pensar y a actuar que a creer. Las nuevas sociedades pensarán que todo es posible y, por tanto, no les hará falta estar ligadas a los atavismos de sus progenitores de especie, es decir, nosotros.

En realidad, les habremos dejado una gran cantidad de experiencia que no les servirá de nada.

Es muy probable que la tecnología y el pensamiento crítico sean dos excepciones que todavía podrán analizar cuando hagan arqueología de su pasado, como nosotros lo hemos hecho en Occidente con nuestros pensadores del siglo de Pericles. Esos pensadores nos han dado la fuerza que ha potenciado, entre otras cosas, el conocimiento del porqué, el cuándo y el cómo. Y, digámoslo, son cuestiones que cuando se formularon no existían aún a escala social, es decir, no estaban socializadas.

No es descabellado pensar que el conocimiento, el pensamiento y la ideología se fundirán en una forma sintética de espiritualidad tecnocientífica. No solo el miedo a los diferentes escenarios y a lo desconocido debe ser la referencia de lo metafísico. Ese es un camino que no tiene salida en un plan dimensional como el que hemos planteado para la transhumanidad.

Nuestros repertorios actuales pasarán al museo de la historia. Se trata de una necesidad perentoria, una necesidad diacrónica que los humanos mejorados y los transhumanos cambiarán cuando llegue la sociedad de los menos mortales o de los inmortales. Entonces las religiones perderán su relato. El más allá no existirá. La resurrección como posibilidad generará una nueva estrategia.

La historia de las religiones será la de una incapacidad objetiva. Muy probablemente, la esperanza será, como siempre planteamos, el principio antrópico y posantrópico del futuro y del futuro de los futuros. Las posiciones culturales y científicas negativistas y antiidealistas como la mía no serán necesarias, ya que se desconocerá esa necesidad desde el punto de vista social. Y no será por azar ni necesidad: es probable que simplemente dejen de existir.

No hay un futuro luminoso en lo que propongo, solo es un análisis racional de la realidad. No obstante, a veces, para entender lo que hacemos, la racionalidad no es lo más humano. Aunque sea así, debemos seguir construyendo nuestras ideas en el marco social. Las ideas las construyen los individuos, y la sociedad las acoge y las socializa. Con esta explicación racional que lo deja todo en manos de todos, es lógico pensar que, como no hay que contratarla, una emergencia abstracta puede tener un gran valor de convicción. En palabras de Albert Einstein, es el valor de lo fantástico.

La religión no tiene un marco explicativo ni contingente en las declaraciones, las ideas y las definiciones de lo que son creencias, puesto que, como ya hemos explicado, dada su lógica constructiva se apartan de los métodos cuantitativos que hemos expuesto.

17

EL FUTURO DE LOS FUTUROS

Me apropio de una expresión tópica pero interesante que se utiliza de manera recurrente: «El futuro no está escrito». Con esta afirmación, lo que ponemos sobre la mesa es la incapacidad humana de hacer una lectura racional o una proyección histórica del devenir. Si es así en el futuro inmediato, imaginémonos qué sucederá cuando tratemos de proyectarnos y prospectar en el futuro de los futuros, es decir, en la transhumanidad y la poshumanidad.

He escrito sobre el futuro. He proyectado ideas y realidades posibles alrededor de lo que puede suceder con la conciencia de los humanos y, sobre todo, sobre la conciencia que debemos construir: la conciencia cósmica. La conciencia de otro mundo, el mundo deshumanizado.

¿Habrá un futuro del futuro? Muchos científicos e historiadores lo damos por hecho, y será el de la poshumanidad. Se nos hace difícil pensar que no estaremos contenidos de algún modo como memoria de ese espacio-tiempo del que ahora somos singularidad. Nuestro orgullo humano es muy potente; quisiéramos trascender más allá de lo que podemos considerar inconmensurable. Y actuamos justo cuando pensamos en esa trascendencia. Es una apreciación que nos permite hacer planes desde el presente para construir el futuro, pero el futuro del futuro es otra cuestión. Desconocemos la cantidad de emergencias socializadas en las que se verá envuelta nuestra especie y, después, todas las que se puedan generar en cada nuevo proceso de resocialización.

En la capacidad de imaginar está la capacidad de anticipación de lo que pasará. Pero cabe señalar que la imaginación también está en nuestros recuerdos, en lo que nuestro encéfalo probablemente ya conoce, aunque las memorias por sí solas no sean suficientes para imaginar. Por ello, la imaginación siempre es un espacio en construcción en el territorio de nuestra especificidad. Es un estado permanente de análisis, de conjeturas y de objetivos de especie que avanza gracias a la capacidad crítica y autocrítica, como hemos comentado en repetidas ocasiones. Es decir, hablamos de la imaginación dialéctica a caballo de la ciencia, la tecnología y el incremento de sociabilidad consecuente.

Desde niño, muchas de las cosas que me han pasado en la vida las había imaginado ya. Seguramente porque se trataba a la vez de deseos y de objetivos que quería alcanzar. Solo tenía que hacerlos posibles. Lo que no sabía es que para que se hicieran realidad, había que tenerlo muy claro y trabajar de forma sistemática y secuencial, perseverando y de manera continua. Ignoraba que tenía que formarme, y que la consistencia es lo más importante en todo tipo de proyectos. Supongo que lo que era premonitorio pero plausible tenía alguna probabilidad de realizarse. Reside cierta teleonomía en el objetivo desde el mismo momento en el que lo imaginas, ya que lo cargas en tu conciencia para dirigirla hacia una finalidad. De ese modo, centras tu energía en un vector, lo jerarquizas por encima de los demás. Utilizas el tiempo en lo que quieres y no dejas que pase sin tener una finalidad concreta.

Podemos imaginar el tiempo, dimensionarlo, compartirlo con el viaje de nuestras naturalezas, incluso podemos buscar explicaciones del pasado reciente y lejano. Se nos da muy bien hacer retrospectiva. En cambio, la prospectiva es nueva en nuestra capacidad de imaginar y conocer escenarios que aún no existen pero que puede que sí lo hagan en el futuro. Es lo que hemos tratado de hacer en este ensayo. Sintetizar la realidad y la ficción, entendida como producto del pensamiento, en un mismo proyecto de especie y, muy probablemente, de especies en el futuro. La capacidad de imaginar y la de hacer deben sincronizarse.

En el siglo XXI nos encontramos en esta encrucijada, la del cambio de fase evolutiva, en la que en muchas ocasiones pensamos que con nuestras teorías y sus aplicaciones en los artefactos que nos rodean hemos conseguido ya un estadio superior en el que solo nosotros podemos decidir sobre nosotros mismos y nuestro entorno. Eso es lo que podemos creer, pero, cuando sucede, parece que todo se estanca y emerge la incertidumbre.

Solo hay que recordar que, por más que lo hayan imaginado y pensado, nuestros congéneres físicos no han encontrado, ni en el siglo XX ni en el XXI, la síntesis, la famosa teoría unificada, cuando parecía que la tenían muy cerca. No han hallado la manera de explicar el universo y las interacciones más allá de nuestra galaxia. No es tan fácil. Sí que podemos conocer y controlar información de esos lugares lejanos gracias a los análisis espectrográficos, pero no hemos llegado mucho más allá. Esa es una cuestión que probablemente se hará realidad en el futuro del futuro.

He tenido que detenerme con urgencia y proponer la reflexión contenida en estas páginas porque estamos llegando a lo que, según mi opinión, puede ser nodal en la transformación de la diversidad específica de las conductas y comportamientos en el marco de la posrevolución científica y tecnológica. Hablamos de la transhumanidad y la poshumanidad. Son escenarios de vértigo, más propios de la ciencia ficción que de nuestra historia, pero creo que deben plantearse sin rubor como perspectivas de un futuro quizá no inmediato, pero sí mediato o lejano. En el estadio evolutivo en el que nos encontramos será difícil vivir el presente sin tener en cuenta el devenir.

El tiempo, tal como lo entendemos, también variará, hasta el punto de que podremos viajar de forma consciente con la expansión del universo. Ya no nos limitaremos a dar vueltas con nuestra nave Tierra, incluidos los movimientos de traslación y rotación. Tenemos la probabilidad de generar sistemas de movimiento que nos permitan desplazarnos más rápidamente que la velocidad de expansión de nuestro universo. Eso nos facilitará llegar al destino antes de que llegue nuestro espacio-tiempo, y nos convertiremos por primera vez en paradoja evolutiva. Una quimera más que espera convertirse en utopía y, más adelante, en realidad. Nuestro futuro habitará en lo inconmensurable.

Todo está relacionado con nuestra conciencia, esta vez no de clase ni de especie, sino cósmica, una conciencia espaciotemporal en estado puro, con nuestros sensores, conocimiento, movimiento y, sobre todo, con nuestro objetivo: conocer qué es la eternidad y si existe como tal, y saber si nuestra conciencia cósmica la habrá alcanzado ya.

Unos descubrimientos copernicanos del futuro que tendrán un valor evolutivo o transevolutivo desconocido, tal como hemos insistido hasta ahora. Tal vez conozcamos nuestra posición en el cosmos y seamos capaces de desplazarnos por él o teletransportarnos. Quizá podamos aterrizar en el exoplaneta que descubrió la misión espacial del satélite Kepler y que hemos comentado en el capítulo de la movilidad y el transporte a seiscientos años luz de la Tierra. Es probable que se hallen más exoplanetas como los que se están encontrando ahora a no más de cien años luz, tal vez más cercanos y habitables.

Podremos ser menos mortales que ahora, quizá inmortales. Los descubrimientos que estamos haciendo los humanos actuales, si los comparamos con esta poshumanidad del futuro lejano, serán un juego de niños, y se encuentran a años luz de lo que vendrá. El tiempo de socialización condensado hará que este desaparezca y se integre con la propia emergencia. Estaremos en una pulsión emergente continuada en la que solo los encéfalos modificados de los transhumanos podrán soportar la aceleración de esa nueva realidad histórica.

Si hay diversidad de conciencias, es probable que entre todas se encuentre la forma de redistribuir la energía para poder beneficiar al todo diverso. Es posible que las estrategias convergentes de esa transhumanidad abran la puerta definitiva a comportamientos que nuestra especie, por sí sola, no ha podido alcanzar a través de la tecnología y el pensamiento crítico. Nuestros cerebros, con capacidad de ser editados o reeditados o fabricados a través de estampación 4D o 5D, asumirán mentes en forma de conciencia operativa hiperinteligente.

Un mundo donde las complejas redes de organización orgánica y tecnosocial fluirán de varias formas en los espacios de materia y energía, generando continuamente flujos de información para que el sistema global sea eficiente y no colapse. Una sociedad de especímenes en situación de sublimación convertida en plasma social.

La ventaja de la multiconciencia operativa del futuro es una nueva posibilidad que no pudieron explorar el conjunto de especies del pasado ni nosotros mismos, que no dejamos de ser el híbrido de la última generación de la evolución solo por selección natural, tal como hemos planteado.

He buscado una serie de claves secuenciales que puedan ayudarnos a generar un escenario de escenarios, en el que estas visiones parciales que hemos dibujado tengan sentido en un proceso emergente desconocido que puede venir marcado por una serie de acontecimientos e hitos que nos hagan dimensionar lo que vivimos o lo que podrían vivir nuestros descendientes humanos de una manera muy diferente a como lo hacemos ahora.

¿Qué puede ocurrir en la evolución de la humanidad que haga que las transformaciones sean de una escala u orden desconocido hasta la actualidad? Hemos visto, hablaremos y trataremos cuestiones de gran importancia y por eso debemos estar preparados.

En primer lugar, nuestra conciencia operativa puede cambiar en el momento en el que seamos capaces de descubrir vida fuera del planeta Tierra y, después, vida inteligente en otros exoplanetas más allá de nuestro Sistema Solar. Con una alta probabilidad, alguna de las especies o paraespecies futuras lo conseguirá. En realidad, estamos preparados ya para esa aventura, incluso de forma primigenia e ingenua, viendo cómo hemos diseñado artefactos como el Voyager, que llevan impresa de forma selectiva la memoria de la humanidad y de nuestro entorno estelar. La cuestión es confiar siempre en lo que hacemos y tener la esperanza de que las cosas puedan suceder.

Digo de manera ingenua, porque los artefactos que lanzamos, aunque tengan una impulsión nuclear o eléctrica, están expuestos a la radiación y al cinturón de asteroides, de manera que, aunque el Voyager contenga un disco de oro, todo el artificio conlleva una fatiga de materiales importantes. Hallar el Voyager por el espacio extraterrestre es encontrar una aguja en un pajar; un símil de la botella que se lanza al mar con un mensaje dentro y que va por los océanos siguiendo las corrientes marinas hasta tocar tierra en alguna costa del continente donde, de manera casual, un espécimen humano la recupera, encuentra el mensaje y se pone en contacto con el emisor. Esos viajes pueden durar unas decenas de años, pero no miles. Es decir, que al Voyager se le acabará la impulsión, la fatiga de materiales lo destruirá y colapsará en unas cuantas decenas de años. Pero el principio de esperanza no falla, está en las propiedades humanas.

La probabilidad de que algún organismo inteligente pueda detectar o localizar esa nave no tripulada con la memoria sintética del sistema Tierra es mínima, solo el azar haría posible que el mensaje llegara a una civilización extraterrestre avanzada. Además, si realmente fuera así, esa civilización ya estaría al corriente de la vida en nuestro planeta y, sobre todo, de la vida inteligente.

Es más plausible que los telescopios o radiotelescopios puedan captar una señal redundante o seguir emitiendo señales ligadas a frecuencias de materiales de la tabla periódica con la posibilidad de que alguien llegue a capturar y descargar el mensaje a centenares, miles o millones de años luz. Esta vez es también el azar el que puede hacer viable el milagro del contacto con otras inteligencias cósmicas que hayan tenido un proceso evolutivo en el que hayan conseguido conocer las leyes de la física y la química para utilizarlas en su progreso tecnológico y social.

Quizá sería más importante una búsqueda analógica de nuestro planeta, es decir, encontrar planetas con constantes similares en la Tierra. Monitorizarlos o sondearlos de manera sistemática y protocolaria seguramente podría asegurarnos algún éxito en la búsqueda de compañía en nuestro cosmos.

Después de establecer el contacto habríamos pasado, una vez más, de la quimera a la utopía realizable. Y, a continuación, ¿qué? Probablemente necesitaríamos una forma de lenguaje y de comunicación que nos sirviera para trasladar mensajes codificados con información a la especie o las especies inteligentes con las que habríamos conectado. Es posible que deseemos el contacto físico, pero sabemos que no es necesario, nos basta con la comunicación.

Acto seguido recordaríamos la importancia que tuvo para el primate humano codificar información y transmitirla. Lenguajes como el de las matemáticas no habrían sido posibles sin los signos y la escritura. La evolución se convertiría en algo imprescindible para entender cómo podíamos comunicarnos con el exterior interestelar.

Sería sorprendente, pero no imposible, que nos visitara físicamente una especie interestelar al más puro estilo de la película *Encuentros en la tercera fase* de Steven Spielberg. Así, debemos tener en cuenta que la socialización de la revolución científica y tecnológica ha preparado ya a la especie para que se le pueda explicar la existencia futura de contactos. Durante la evolución, en el caso de que esos contactos hubiesen existido, no se habrían documentado, excepto en última instancia, de manera que no habrían alterado la conciencia de las especies con las que habrían podido contactar.

Tal como hemos planteado, hay diversas formas de transformación exógena de nuestra especie o, si se produce en el futuro, de la diversidad humana existente en el planeta. La emergencia de la multiespecificidad que hemos planteado ya en el desarrollo de la obra, es decir, de especies y conciencias diversas, en el caso de la convergencia con otras especies de fuera del Sistema Solar, constituiría por sí misma un orden de cambio desconocido.

Imaginarse el intercambio de conocimiento, de pensamiento y, sobre todo, de acción sobre el entorno de un conjunto de inteligencias cósmicas convergentes representaría la emergencia de unas condiciones nuevas que marcarían la transhumanidad.

La multiespecificidad podría contribuir a una búsqueda más exhaustiva de nuestros compañeros y compañeras de viajes cósmicos. Siempre pensando en unas especies que ya han sido codificadas biotecnológicamente y editadas, es decir, transhumanas, capaces de moverse por el espacio-tiempo y de sumar conocimientos y aplicaciones. Y todo gracias al hecho de que las conciencias convergentes podrán sintetizarlo todo con la ayuda de cálculo de máquinas inteligentes y de las especies asociadas a las mismas conciencias convergentes.

La capacidad de cálculo, así como el potencial de establecer nuevas teorías, nos dimensionaría de otra manera. Los saltos en los conocimientos físicos, químicos y biológicos escalarán de manera todavía desconocida por su potencia de incremento en la sociabilidad de los proyectos actuales. Entramos, por desgracia, en terrenos ignotos.

El descubrimiento del funcionamiento de nuestro encéfalo y la mente que está asociada a él nos ayudará a encontrar otros orígenes. En consecuencia, podremos adentrarnos en el inicio de la vida no tan solo en nuestro planeta, sino en el posible origen de la existencia del espacio-tiempo en la materia interestelar, que es donde se localizan los materiales primigenios que han permitido construir evolutivamente la forma y el diseño biológicos. Hablamos de lo que pasó eones y eones antes de la existencia de nuestra nave Tierra, y también del origen de nuestro universo y del origen del origen de todo, si es que hubo alguno. La materia y la energía no se crean ni se destruyen, sino que se transforman, es un ejemplo que nos indica hacia dónde pueden ir las cosas en el futuro de los futuros.

Estas dimensiones de conocimiento que tal vez experimenten los transhumanos serán progresivas hasta entrar en el eterno y grácil bucle del espacio-tiempo que nos originó. La vuelta al origen de la comprensión de los fenómenos de los que nosotros mismos formamos una parte indivisible. Una parada en la complejidad evolutiva buscando el sentido de la unicidad del pasado, del presente y del futuro.

Imaginar de forma poética el futuro del futuro es una manera de ganar, desde este mismo momento, el tiempo del futuro cuando este ya no existe en tanto que futuro, sino como presente continuo. Si podemos viajar de forma consciente en el espacio-tiempo o avanzarnos para tener retrospectiva, si nos podemos mover según la aceleración constante de las galaxias, podremos flotar en ese tiempo de forma definitiva, aunque solo sea en forma de flujo consciente. Solo en forma de energía.

¿Recordarán esas entidades evolucionadas en el marco de la arqueología cósmica que la ciencia y la tecnología nos suministraron los conocimientos básicos para ese gran salto que representa la quimera que hemos anunciado? Si la belleza es una constante universal del espacio-tiempo constructor, debemos ser capaces de cuantificarla. Debemos ser capaces de explicitar cómo son esos estados de flujo espaciotemporal que nos autotransportan a la realidad en construcción constante. Que nos transporten, aunque sea mediante una abstracción, hacia el centro de la explicación que nuestra inteligencia, por razones de conciencia operativa, necesita conocer.

Soy consciente de que doy saltos desde el pasado al futuro, vuelvo al presente y después viajo al futuro más lejano. Lo hago de manera consciente, ya que no quiero generar una secuencia lineal. Mi propósito es ensayar esta compactación del tiempo para poder pensar de manera diferente a como hemos aprendido a hacerlo. Se trata de un desafío a nuestra especie. La proyección de la diversidad humana hacia su síntesis —hacia su recapitulación— una vez haya asumido su conciencia cósmica.

No es ninguna alucinación. Solo estamos pensando, fabulando y filosofando para poder estar seguros, de algún modo, de que se puede generar un interés poderoso por lo que desconocemos, que puede cambiarnos la manera de ver el mundo.

Este es un momento en el que lo empírico debe tener una traslación a la comprensión social y de especie, de modo que se nos eduque para pensar de esta manera atemporal que aquí proponemos. No será fácil, pero el futuro solo está en manos de los habitantes del futuro, no en las nuestras. Debemos tener en cuenta esta advertencia: no somos atemporales, pero quizá nuestra conciencia secuencial sí lo sea, aunque tardemos tiempo en descubrirlo. De todos modos, mediante la imaginación, hemos abierto una puerta para comprendernos como especie, para prospectarnos en el futuro que ya no viviremos, pero donde sí seguirá la vida consciente.

Aunque no lo parezca, el futuro del futuro también es el nuestro. La humanidad está contenida en la poshumanidad. El hecho histórico de estar o no estar como pasado no guarda relación alguna con perder el hilo del tiempo humano en su momento de metamorfosis y proceso irreversible hacia la deshumanización.

Soy consciente de que es un pez que se muerde la cola, de que no hay explicación. Un bucle eterno que, como tal, está en la eternidad del espacio y del tiempo y que, por tanto, es insondable para nosotros, que aún estamos al principio del episodio como humanos de la conciencia cósmica.

Hay un más allá donde lo que ha sido nuestra humanidad sublimada es inconmensurable. Lo que explicamos del futuro no es historia, solo es desconocimiento. Habrá hechos, habrá historia contrastada, pero ahora mismo solo hay una proyección reduccionista. Con todo, pienso que es importante hacerlo, explicarlo, imaginarlo. Esta acción nos hace humanos: ya hemos dicho que aprendemos de lo que no conocemos.

La humanidad en evolución y el evolucionismo como ideología histórica son dos caras de una misma moneda. Son la síntesis de una corriente filosófica que ha emergido ya y que parte del humanismo tecnológico.

COROLARIO

La música culta o clásica es atemporal. No solo realza los sentidos, también acompaña en los momentos de mayor creatividad y nos hace más espléndidos. Toda mi vida he escrito mientras la escucho. Mi abuela fue la responsable de grabarme esa afición a perpetuidad.

A estas alturas, he acabado ya de redactar el último capítulo del libro, pero me falta el corolario, una parte que siempre he considerado de gran importancia una vez se ha expuesto el discurso explicativo. Estoy escuchando *Così fan tutte* de mi querido Mozart, como cada vez que termino un ensayo. Debo decir que me siento liberado y confío en que el lector haya entendido mi texto, que le haya hecho reflexionar e, incluso, que lo haya criticado, aunque ya he advertido que no es una tarea fácil.

El caso es que cuando empiezo a escribir, hay días buenos, pero también los hay malos en los que pienso que lo que he escrito no tiene sentido ni calidad. Otras veces lo veo como algo oportuno y que tendrá utilidad para quien lo lea. Dudar de forma metódica, al estilo cartesiano, nos hace más humanos y ayuda a ir contra la autocomplacencia. Fortalecer la razón y la capacidad crítica, así como la creatividad, es esperanzador para la humanidad y la transhumanidad, incluso para la poshumanidad. Esa capacidad es atemporal y no se puede cuestionar porque, si lo hacemos, despreciaríamos la consistencia del pensamiento y de la acción de nuestra especie. Cuando cuestionamos la estructura de nuestra realidad, afirmamos el carácter crítico del pensamiento humano en el marco de la evolución.

Ahora mismo reconozco en mí una sensación agridulce: se acaba el deseo que me ha mantenido en tensión para escribir y empieza la necesidad de seguir pensando qué redactaré en el futuro. Mientras esté motivado, tenga ideas y piense de manera crítica, evitaré que se seque el torrente de publicaciones. La tierra del conocimiento y del pensamiento que siempre me ha acompañado todavía es fértil y está abonada. Confío en que sean instrumentos para la reflexión y la crítica y que sirvan para avanzar en el conocimiento de la evolución social, para contribuir así en la construcción final del *Homo sapiens* y desbrozar el camino hacia la transhumanidad, un camino arduo y solo apto para los perseverantes que queremos saber qué debemos o qué podemos hacer en el marco de la dinámica histórica en la que nos encontramos.

Pero, volviendo al texto, me gusta la palabra *corolario*, y me gusta, sobre todo, porque no requiere decir nada más nuevo. El diccionario de la RAE la define así: «Proposición que no necesita prueba particular y se deduce con facilidad de lo demostrado previamente». Y según el DIEC (*Diccionari de l'Institut d'Estudis Catalans*): «Consecuencia más o menos inmediata de una proposición demostrada». Sin embargo, todo discurso necesita una síntesis que no sea una conclusión, y el corolario es una buena excusa para hacerla.

El viaje al futuro y la comprensión del pasado no es una adición, sino que nos acerca al futuro de los futuros. El formato matemático no se puede aplicar a la historia ni a la filosofía. En el fondo, aunque esté todo integrado, el grado de resolución del conocimiento de cada una de esas disciplinas no es el mismo. Con eso no quiero decir que no sean igual de importantes para nuestra trascendencia, al contrario, pero sí es verdad que no son igual de prácticas.

Las ideas deben pasar por el juicio de la historia, y no puede haber historia sin los conocimientos de las ciencias de la vida, las sociales y las de la Tierra. Por obvio que parezca, vale la pena ponerle el acento, para no olvidarnos de que solo podemos interpretar a través de la paleoecología humana. Esta disciplina ha revolucionado el concepto de historia que, en muchos casos, aunque se basa en los hechos, no puede explicar cómo pasan realmente. Por eso, disciplinas como la ecología, la genética, entre otras, contribuyen, con sus métodos y técnicas, a enriquecerla, hasta el punto de que realmente lo han modificado todo.

No digo nada que un lector astuto y veterano no esté dispuesto a aceptar de la misma manera que se acepta la crítica. Tiene que haber una actitud que nos conduzca a innovar en nuestras disciplinas, sobre todo en momentos de aceleración de nuestra realidad social. El pensamiento y el conocimiento en un proceso de transformación exponencial deben cambiar sincrónicamente para adaptarse a todo aquello que está sucediendo. Si no es así, cuando la narración termina, la historia ya le ha pasado por encima, tal como remarcaba el filósofo y escritor Jean-Paul Sartre en uno de sus textos.

Cuando se vierten ideas y conocimientos tan dispares (aunque en realidad no lo son), se corre el riesgo de confundirse en el discurso, pero, a mi entender, no hay ninguna otra manera de hacer las cosas de forma consistente. Como coordinador de muchos proyectos, me he dado cuenta de que todos los elementos que conforman un discurso solo tienen validez cuando eres capaz de encajarlos en una historia que tiene sentido y, reitero, consistencia. El historiador se hace capaz de construir cuando progresa con la historia que está escribiendo, a través de sus datos y hechos pero, sobre todo, a través de objetivar todo lo que es subjetivo en la misma historia.

Los humanos que nos dirigimos hacia la transhumanidad dispondremos de muchos recursos. Ahora mismo ya los tenemos, pero son inconmensurablemente menos de los que habrá. Si hubiese escrito este libro hace cien años, habría necesitado estar en una gran biblioteca para saber lo que pasaba a nivel global. Habría sido inspirador y romántico, no lo niego. Rodeado de miles de volúmenes, en un ambiente de silencio, de concentración, para desarrollar la acción de leer, aprender y comprender. Escribo en un entorno parecido, rodeado de información en mi librería; pero ahora tengo acceso a la red en el estudio, lo que me permite sintonizar con todo lo que sucede en el mundo de forma sincronizada y al instante.

La situación y el contexto actuales son una maravilla, pero eso no es nada comparado con lo que podría hacer dentro de muy poco con un exoencéfalo cargado con toda la información disponible del planeta y con una gran velocidad de procesamiento. No he llegado a tiempo, pero sí que puedo hacer esta predicción que está en la mente de todos. Síntesis, imaginación e información básica para que no se escape ningún detalle. Los detalles también son muy importantes, aunque lo más relevante sean las ideas y los conceptos que hacen lógico un discurso.

Es muy probable que esté ya agotado de explicar lo que quería: el deseo es la propiedad humana más extrema. Por algo se mezclan la necesidad y la ansiedad. Es posible que lo que tenía que decir esté ya dicho, aunque lo que es consistente nunca se termina del todo, puesto que son procesos que se alimentan con la información que es contingente diacrónicamente. Con eso quiero decir que el pensamiento y el conocimiento no terminan nunca, están siempre en construcción. Como mínimo, es lo que me parece más lógico. Por eso los humanos no podemos dejarnos de interrogar y de intentar contestar las preguntas que nos hacemos.

A pesar del esfuerzo, en el transcurso de la elaboración de un texto, soy consciente de que hay miles de ilustraciones para un mismo discurso. También he aprendido que la literatura es muy importante, pero lo es más el concepto de lo que quieres transmitir, y eso es lo que a mi entender debemos practicar los humanos que nos dedicamos a la investigación y a la socialización del conocimiento. Sería un error no guiarnos siempre por el principio consciente de la construcción intelectual y actitud crítica de la especie.

Llegados a este punto, siempre se queda algo en el tintero. No es casual que ni con la máxima concentración consigamos expresar lo que pensamos sobre nosotros mismos. Parece obvio que seamos subjetivos, somos el sujeto de análisis mismo. No podemos prescindir de nuestro contexto evolutivo, ni de nuestro entorno, ni de nuestra educación. Lo objetivo se mezcla con lo subjetivo. Es en esta fusión en la que se esconde lo que pasa o lo que puede pasar. En ese sentido, debemos trabajar siempre con premisas que, aunque sean obvias, no hay que dejar de plantearse. Si no lo hacemos así, damos por hecho que lo que decimos puede ser la verdad, pero en realidad nunca estaremos seguros, ya que nos movemos por los territorios pantanosos del porqué. Solo la racionalidad, la ciencia y sus métodos nos permiten trabajar con cierta claridad.

Aun así, necesitamos sentirnos acompañados por lo que somos, por lo que intuimos, por lo que pensamos, no hay otra manera de construir humanidad. La imaginación, el conocimiento, los métodos, las técnicas, la ciencia en general, así como las corrientes filosóficas, marcan el terreno de juego del que nadie puede escapar. Por eso he hecho la afirmación de la construcción humanista como camino por el que recorremos los espacios gaseosos de nuestro futuro inmediato y del futuro no inmediato. La voluntad de llevar a cabo el análisis prospectivo y retroprospectivo es nuestra perspectiva humanista, la del humanismo tecnológico. La que nos guía a la hora de construir una historia que aún tiene que llegar pero que sabemos de dónde viene.

El hecho es que nuestra especie necesita más que nunca ponerse al frente de lo que sucede, repensarse, mejorarse y diversificarse para que la mayor parte de las cosas que pasan sean consecuencia de nuestra actividad biológica, social y tecnológica. Ahora, para afrontar el futuro lo necesitamos todo. Solo así caminaremos hacia una evolución responsable en el marco del progreso consciente, tan injuriado y cuestionado.

Por ello, en *De la caverna al cosmos*, el futuro, como concepto, es un artefacto humano. Aunque, en realidad, todo lo que deviene, lo que se está cociendo, lo hace en el presente. Es en este sentido en el que me expreso. Ahora tenemos la posibilidad de prospectar y contribuir a construir el futuro, puesto que el tiempo de nuestra historia se ha acelerado y, para entender esa aceleración, necesitamos ubicarnos en el futuro. Debemos surfear la ola que nosotros mismos hemos provocado.

El tiempo que vivimos en muchos de los casos está ya fuera de la selección natural estricta. La incertidumbre es una forma de azar que se caracteriza por la fuerza creativa de la duda a raíz de lo que puede pasar o de lo que se puede hacer y cómo se puede intervenir. La selección técnica, y ahora tecnológica, nos ha alejado de la aleatoriedad y el azar, aunque estos sigan escondidos, esperando su oportunidad. Esa es una gran cuestión a la hora de entender nuestra responsabilidad en nuestra historia como humanos. Es el momento de pasar cuentas con lo que somos, tal como hemos visto en el transcurso de este discurso. Si no sabemos adónde vamos, será difícil saber de dónde venimos. Como vemos, pues, estoy postulando una inversión de lo que habíamos pensado siempre los historiadores.

Esta inversión se debe a las consecuencias que han tenido los conocimientos adquiridos por la humanidad en el transcurso de la evolución, pero, sobre todo, a la conciencia que se ha hecho operativa y que está cambiando las reglas del juego en la dialéctica humanidad-naturaleza y naturaleza humana, aunque suene redundante. Los descubrimientos, los conocimientos y el aumento de la complejidad nos conducen a toda velocidad y de forma inexorable hacia el futuro de nuestra historia, la nuestra, la que debemos apropiarnos para que realmente sea nuestra y no externa a los humanos que piensan cómo conocerla, hacerla, prospectarla y, por supuesto, asumirla.

La aceleración histórica hace que entre en escena lo que nos trasciende como humanos y que precisamente acelera nuestra humanización para después deshumanizarnos y convertirnos en transhumanos y, por último, en poshumanos.

La verdad es que me inspira de forma particular pensar en el futuro que otorga congruencia a lo que conozco del pasado. Es una danza continua y continuada en la que la realidad se convierte en un sueño gracias al conocimiento y el pensamiento que socializaremos y compartiremos cuando nuestra sociabilidad se incremente.

Las quimeras vuelan ya a ras de suelo, mientras las utopías, como es obvio, dejan de serlo. Las nuevas realidades no responden a verdades que nos eran dadas desde antiguo por las creencias. Por eso los acontecimientos venideros ya no serán nuevos. Los valores tampoco tendrán valor. En cambio, la conciencia crítica de la especie avanza con pasos de gigante; ya no se construye un nuevo paradigma, sino otro mundo donde lo viejo desaparece y emerge lo nuevo. Un mundo con una transición humana hacia la poshumanidad, a través de la transhumanidad; un mundo de especies con conciencia cósmica y no solo planetaria. Esa es la situación y el punto de máxima agitación de la evolución zoológica en el planeta. Un punto de ebullición hacia el horizonte que ha hecho que, evolutivamente, se haya construido nuestra singularidad.

Si socializamos la eternidad entre los especímenes de nuestro género y ocupamos el espacio interestelar en el futuro de los futuros, es probable que no queden restos de humanidad. Sería la lógica de la fusión de nuestra singularidad, como lo es la singularidad que nos ha generado. Lo que es inconmensurable será lo que es real en un espacio-tiempo fusionado, convertido en burbujas de energía consciente, con *información memegénica*.

Ahora, en el momento de escribir estos párrafos del corolario, me acompañan los compases de las cantatas de Bach. En concreto, de las tres primeras, de forma consecutiva. Estoy seguro de que si lee la obra el amigo que me introdujo en su conocimiento, se acordará de su recomendación, cuando estábamos juntos grabando uno de los capítulos de *Sota terra*, una serie para socializar los trabajos arqueológicos en Cataluña y también para hacer reflexionar sobre nuestra historia como humanos.

Con Bach, cerramos de momento el flujo de ideas y de análisis sobre el eterno y grácil bucle del que habla Douglas Hofstadter en su obra *Gödel, Escher, Bach: Un eterno y grácil bucle*. Hemos vaciado el contenido de la mente y ahora está preparado para ser criticado, una función básica del buen lector y del humano que, como yo, quiere que la humanización se acelere. Lo que no es criticable no puede ser aceptado como aportación humana. Lo dogmático no debe acompañarnos. El pensamiento crítico debe ser nuestro compañero en todos los trayectos vitales estratégicos de la humanidad y de la poshumanidad, cuando nuestros descendientes vivan y convivan a través de nuestros genes o de nuestros memes.

Al empezar a escribir este ensayo, me custodió la música clásica europea. Necesitaba un gran impulso, como el que me ha dado Beethoven. Habría podido empezar por Wagner, cuya energía adoro, pero un sexto sentido me dijo que sería menos productivo intelectualmente.

Me podía distraer. Por eso, una vez rechazada la idea, enseguida me vino a la cabeza y recordé los años de París, a principios de los años ochenta, cuando hacía el doctorado y vivía de forma más bien humilde en una *chambre de bonne* de la rue des Dames, en el distrito decimoséptimo. Allí mi estancia se llenaba a menudo de música de Beethoven. Y ahora volvía a necesitar esa sensación. Esa música, compartida con la del genio de los genios —es decir, Mozart—, era mi capital y, en esas circunstancias, me sosegaba.

Acompañado por la belleza musical, pienso que ha sido más fácil vomitar lo que mi cuerpo, a través del encéfalo, ha metabolizado. No me he equivocado, no: las palabras se han convertido en frases y, de forma automática, se han secuenciado y, como una fuente de la que mana agua fresca de mi Pirineo natal, se ha construido este todo. Así de poético me resulta hablar de lo que he narrado, del discurso, más o menos acertado, sobre la humanidad humanizada y en proceso de deshumanización.

Pensamiento y conocimiento se han unido para dar lugar a lo que el lector ha leído, y espero que le haya sugerido algo profundo sobre la humanidad, la transhumanidad y la poshumanidad, el futuro y el futuro del futuro. Solo la esperanza puede darnos capacidad crítica y de acción. Sin el principio de esperanza no hay construcción de la humanidad consistente posible.

Me gustaría que el azar o la teleonomía hiciesen que textos como estos lleguen, fragmentados o nítidos, pero que lleguen a ese futuro de futuros y que nuestros descendientes de especie puedan entender lo que decíamos cuando aún no disponíamos de la información para decirlo. Sí, confieso que me gustaría pensar (como a todos los colegas historiadores) que la historia del futuro será consistente y que nosotros, los humanos del presente, hemos contribuido a hilvanar los hilos que han tejido la vida presente y futura de la humanidad.

No es el momento de remordimientos ni de penalizar lo que hemos hecho mal, es el momento de la libertad de pensamiento. Decir, decidir y construir, además de escribir lo que se piensa, sin trabas que frenen las ideas, aunque muy probablemente estas sean equivocadas tal como las vertimos en estos textos. Si es así, no tiene que haber arrepentimientos, en todo caso disculpas, por no imaginar más y mejor.

Debo decir que nunca había escrito un libro como el que el lector tiene en las manos. Esta es una afirmación que pretende confirmar su singularidad. Iluminar el futuro nos sirve para ayudar a construirlo. Si no fuese así, la imaginación no serviría de nada. Desde el punto de vista personal, me resisto a pensar que la imaginación no forma parte importante de la dialéctica de la vida y, en este ámbito de la evolución de la humanidad, de la construcción esencial de lo que reconocemos como humano, de lo que realmente lo es.

Otros colegas historiadores, científicos, literatos o pensadores comparten hipótesis o tesis tan arriesgadas como la existencia de una multihumanidad o el futuro fuera de nuestro Sistema Solar. Es obvio que no podemos pensar fuera del pensamiento de especie, ¡ojalá fuese posible semejante travesura!, pero el hecho de no poder hacerlo nos abre las puertas a formas de fabulación consciente en las que la progresión de las ideas se encadena, lo que nos permite plasmarlas sobre el papel o guardarlas en la nube. Nuestra imaginación no tiene límites, y creo que es una propiedad emergida sin la que muchos de los descubrimientos que ha hecho la humanidad no existirían, estamos convencidos de que sin esta cualidad la humanidad no sería lo que es, no tendría las mismas cualidades.

Nuestros antecesores de la prehistoria en la sabana africana no conocían, ni sabían, qué era el universo, pero miraban al cielo y veían el Sol, la Luna y las estrellas, aunque tampoco sabían exactamente qué hacían allí. Lo repito: miraban la Luna una y otra vez, no conocían las leyes de la gravedad, ni habían descubierto que el espacio-tiempo se curvaba. No sabían que podían representarse tal como eran dibujándose o pintándose en las rocas hasta que evolucionaron, centenares de miles de años después. Todo pasa en la evolución, los cambios y las adquisiciones dan continuidad a la humanidad. Por eso me pregunto: la transhumanidad y la poshumanidad, si se pueden ordenar de manera secuencial, ¿representan una disrupción, una fragmentación del contínuum humano?

Durante mucho tiempo, nuestra especie, *el Homo sapiens*, intentó comprender qué pasaba en su entorno, empezó a acumular y más tarde a enterrar a los muertos. Aprendían a la vez que construían de manera poco consciente su idea de humanidad. Lo hacían a través de la intuición y la repetición. De esos códigos informativos escritos en las piedras o herramientas de hace millones de años, en los últimos milenios, hemos pasado a la escritura y, en los últimos decenios, incluso a la edición genética. Han sido tiempos inconmensurables para el progreso humano.

Con la evolución, las fronteras del conocimiento se borraron. Hace unos ocho mil años, la caza y la recolección pasaron a la historia como fenómeno universal, y la agricultura y la ganadería las sustituyeron. En los prados y campos donde había pasto para los animales y, más tarde, cereales emergieron las grandes industrias manufactureras y después los parques industriales, que comenzaron a cubrir la Tierra. Artefactos como los coches llenaron el planeta; los barcos surcaron los mares y océanos; los aviones, el aire, y los satélites ahora orbitan la Tierra, nos dan información y nos interconectan. Todo tipo de señales señorean en el espacio.

El desarrollo en las manos del progreso ha hecho crecer nuestra especie de unos miles a miles de millones de ejemplares. El planeta se nos ha quedado pequeño. No debemos olvidar que tenemos mentalidad de exploradores, lo fuimos cuando salimos de África para extendernos por todo el planeta, hace solo dos millones de años, o cuando fuimos a la Luna en el siglo xx, y lo seremos porque estamos impulsados por nuestra conciencia, que es una conciencia operativa y no se resigna a conocer, a pensar y a viajar. Y no solo a viajar y a explorar, sino también a buscar nuevos espacios para sobrevivir, vivir y reproducirse.

Las civilizaciones hoy todavía desconocidas y que probablemente habiten en los espacios exoplanetarios e interestelares se revelarán en tanto que lógica histórica y conciencia cósmica a la vez, y abrirán las puertas a una transhumanidad que habrá perdido el contacto con la humanidad que la ha precedido. Quedará solo una señal lejana y débil que en algún momento nos alertará de otras formas de inteligencia perdida en el universo, como una especie de ruido de fondo, que nos hará conscientes de nuestro origen primigenio, y no quedará mucho más que la memoria del sistema, que se fundirá con la conciencia transespecífica.

Estamos en el siglo XXI. Como hemos comentado ya, nos esperan cambios y transformaciones increíbles, a corto y medio plazo. El paso de la humanidad a la transhumanidad es el cambio de fase que sufriremos como consecuencia de la socialización de la posrevolución científica y tecnológica. Saldremos del planeta, ocuparemos el espacio, generaremos diversidad específica y, precisamente para sobrevivir, nos modificaremos para llevar el mensaje de la humanidad a la transhumanidad y, después, a la poshumanidad. Repito con insistencia obsesiva que estamos impulsados a ello, solo me gustaría poder conocer qué es lo que hace que tengamos ese tipo de comportamiento.

Vivimos con la esperanza de mantenernos vivos, hacernos inmortales, trascender, lo han hecho nuestros genes y ahora también lo harán nuestros memes. La naturaleza nos hizo humanos por azar, mientras que es probable que nuestra conciencia operativa nos haga transhumanos por la lógica operativa. Parece una secuencia correcta y consistente.

Ahora necesitamos humanizarnos aún más. Como humanos todavía poco humanizados, necesitamos revolucionar nuestra evolución y establecer el progreso consciente como motor de exaptación y de exoadaptación. Eso es lo que hace que seamos lo que somos. Nuestra nave da señales de cambio y nosotros debemos monitorizar esos cambios e intervenir en ellos, como ya hemos expuesto en el transcurso del libro. Debemos ir más allá de nosotros mismos, de nuestra singularidad nacida por azar; debemos construir la base de la transhumanidad como mensaje de la inteligencia del cosmos. Solo así podremos pervivir en forma de conciencia fluctuante de manera permanente en el espacio-tiempo, proyectándonos en él. Yo diría: acoplándonos con el ruido de fondo del cosmos, trascendiendo nuestro resplandor fósil y nuestra construcción humana y transhumana. Solo así llegará la poshumanidad.

Puesto que no disponemos todavía de las herramientas evolucionadas que necesitaríamos para llevar a cabo esta tarea de prospectiva de especie o de especies del futuro, debemos sustituirlas por la imaginación dialéctica de nuestros legados históricos. El conocimiento, la ciencia y el pensamiento crítico. De momento lo estamos imaginando ya y nada puede frenar nuestra imaginación cuando esta se complementa y se nutre de la experiencia empírica y del pensamiento crítico.

Entre lo que sabemos y lo que intuimos, entre lo que pensamos y lo que ejecutamos, podemos construir un futuro robusto para entender nuestro pasado, para hacernos contingentes, y para que los habitantes de la poshumanidad puedan entendernos, ya que nos hemos proyectado en ellos. Solo hay que confiar en que en el futuro de los futuros no se haya borrado la memoria del sistema. Esperemos que se haya volcado en un *big data* potente y en suspensión, capaz de resistir los sucesos venideros, tanto los de tipo natural como los artificiales. Una síntesis que hemos explicado ya, en la que presente, pasado y futuro se fusionen y que permita una visión integral del fenómeno humano y transhumano en la poshumanidad. Con una alta probabilidad, en este proceso, la socialización de la inteligencia artificial generativa y creativa (IAGC) jugará un papel fundamental.

No quiero acabar sin hacer una última reflexión. Lo que me ha hecho pensar como especie y desde la especie ha sido la perplejidad. Sencillamente, una pulsión. Ha sido una gran oportunidad escribir desde la uniespecificidad actual. Me gustaría vivir para saber cómo analizarán los transhumanos nuestra humanidad y cómo hará lo mismo la poshumanidad con sus predecesores. Ya sé que eso no es posible, por lo menos de momento. No importa pasar a formar parte del sistema de memoria, la memoria me mantendrá conectado como meme en el futuro. Eso deseo y espero.

Los que sean inmortales, dentro de poco o mucho tiempo, podrán pensar en la poshumanidad de manera diferente, pero todo eso aún está por ver. Hay que contrastarlo empíricamente. Y es que algún defecto importante debemos tener los científicos con el problema de la contrastación.

BIBLIOGRAFÍA

ANGULO, JAVIER, y GARCÍA, MARCOS, *Sexo en piedra. Sexualidad, reproducción y erotismo en la época paleolítica*, Madrid, Luzán 5, 2005.

ARISTÓTELES, *Retórica*, Barcelona, Gredos, 2022.

BACON, FRANCIS, *Novum Organum*, Buenos Aires, Losada, 2003.

BALL, PHILIP, *Cómo crear un ser humano*, Madrid, Turner, 2020.

BENJAMIN, WALTER, *La metafísica de la juventud*, Barcelona, Paidós, 1993.

—, *Tesis sobre el concepto de historia y otros ensayos sobre historia política*, Madrid, Alianza Editorial, 2021.

CARBONELL, EUDALD, *El nacimiento de una nueva conciencia*, Barcelona, Ara Llibres, 2007.

—, *El sexo social*, Barcelona, Now Books, 2010.

—, *Elogio del futuro. Manifiesto por una conciencia crítica de especie*, Barcelona, Arpa, 2018.

—, *El Homo ex novo: Posibles futuros para la humanidad*, Burgos, Fundación Atapuerca, 2023.

CARBONELL, EUDALD, y NAVAZO, MARTA, *Los humanos del futuro. De la piedra a la Luna*, Barcelona, Salvat, 2023.

CARBONELL, EUDALD, y PARRA, IGOR, *Teoría de la evolución social humana. Epigénesis y tecnología para la supervivencia eficiente de la humanidad*, Córdoba, Almuzara, 2024.

CARBONELL, EUDALD, y SALA, ROBERT, *Planeta humà*, Barcelona, Empúries, 2000.

—, *Aún no somos humanos*, Barcelona, Península, 2002.

COHN, NORMAN, *El cosmos, el caos y el mundo venidero*, Barcelona, Crítica, 1995.

CUARTANGO, ROMÁN, *Posthistoria y transhumanidad*, Madrid, Albada, 2019.

DARWIN, CHARLES, *El origen de las especies*, Barcelona, Penguin Random House, 2019.

DENNET, DANIEL C., *De las bacterias a Bach. La evolución de la mente*, Barcelona, Pasado & Presente, 2017.

FAGAN, BRIAN, *La pequeña edad del hielo. Cómo el clima afectó a la historia de Europa*, Barcelona, Gedisa, 2008.

FROMM, ERIC, *El arte de amar*, Barcelona, Paidós, 2000.

GÓMEZ PIN, VÍCTOR, *El hombre, un animal singular*, Madrid, La Esfera de los Libros, 2005.

GROS, FRANÇOIS, *La ingeniería de la vida*, Madrid, Acento, 1990.

HAWKING, STEPHEN, *Breves respuestas a las grandes preguntas*, Barcelona, Planeta, 2018.

HAWKINS, JEFF, y BLAKESLEE, SANDRA, *Sobre la inteligencia*, Barcelona, Espasa, 2005.

HICKEL, JASON, *Menos es más. Cómo el decrecimiento salvará el mundo*, Madrid, Capitán Swing, 2023.

HOFSTADTER, DOUGLAS, *Gödel, Escher y Bach: Un eterno y grácil bucle*, Barcelona, Tusquets, 2007.

HUXLEY, ALDOUS, *Un mundo feliz*, Barcelona, Plaza & Janés Editores, 2001.

KANT, IMMANUEL, *Principios metafísicos de la ciencia natural*, Madrid, Tecnos, 1991.

KHAYYAM, OMAR, *Rubaiyat*, Madrid, Alianza, 2015.

KURZWEIL, RAY, *La era de las máquinas espirituales*, Barcelona, Planeta, 1999.

LOVELOCK, JAMES, *La tierra se agota. Último aviso para salvar nuestro planeta*, Barcelona, Planeta, 2011.

MALTHUS, THOMAS ROBERT, *Ensayo sobre el principio de la población*, Madrid, Akal, 1990.

MANCUSO, STEFANO, y VIOLA, ALESSANDRA, *Sensibilidad e inteligencia en el mundo vegetal*, Barcelona, Galaxia Gutenberg, 2015.

MARCUSE, HERBERT, *El hombre unidimensional*, Barcelona, Ariel, 2010.

—, *Eros y civilización: una investigación filosófica sobre Freud*, Barcelona, Ariel, 2010.

MARTÍN CHIVELET, JAVIER, *Cambios climáticos. Una aproximación al sistema Tierra*, Madrid, Mundo Vivo, 1999.

MCGEE, HAROLD, *La cocina y los alimentos. Enciclopedia de la ciencia y la cultura de la comida*, Madrid, Debate, 1984.

MONOD, JACQUES, *El azar y la necesidad*, Barcelona, Tusquets, 1970.

MOYA SIMARRO, ANDRÉS, *Naturaleza y futuro del hombre*, Madrid, Síntesis, 2011.

—, *Biología del espíritu*, Camargo, Sal Terrae, 2014.

NEWTH, EIRIK, *Breve historia del futuro*, Barcelona, Robinbook, 2002.

NEWTON, ISAAC, *Principios matemáticos de la filosofía natural*, Madrid, Alianza Editorial, 2022.

ORWELL, GEORGE, *1984*, Barcelona, Minotauro, 2021.

PAULOS, JOHN ALLEN, *Elogio de la irreligión*, Barcelona, Tusquets, 2009.

REICH, DAVID, *Quiénes somos y cómo hemos llegado hasta aquí*, Barcelona, Antoni Bosch Editor, 2018.

SABATER PI, JORDI, *El chimpancé y los orígenes de la cultura*, Barcelona, Anthropos Editorial, 1992.

SALA, ROBERT; MOYÀ, SALVADOR; CARBONELL, EUDALD y CORBELLA, JOSEP, *Sapiens. El largo camino de los homínidos hacia la inteligencia*, Barcelona, Península, 2018.

SÉNECA, *De la vida bienaventurada y otros tratados*, Barcelona, Círculo de Lectores, 2001.

TALBOT, MICHEL, *Más allá de la teoría cuántica*, Barcelona, Gedisa, 1995.

TEILHARD DE CHARDIN, PIERRE, *El fenómeno humano*, Madrid, Taurus, 1974.

THOM, RENÉ, *Estabilidad estructural y morfogénesis*, Barcelona, Gedisa, 2009.

VALLADARES, FERNANDO, *La recivilización. Desafíos, zancadillas y motivaciones para arreglar el mundo*, Barcelona, Destino, 2003.

VOLTAIRE, *Micromegas y otros relatos filosóficos*, Barcelona, Artemisa, 2006.

WILSON, EDWARD, *La conquista social de la tierra*, Barcelona, Debate, 2012.